刘志明○著

木质纤维的纳米纤丝化和
凝胶化及吸附性能研究

哈尔滨工程大学出版社
Harbin Engineering University Press

内 容 简 介

本书以木质纤维等生物质材料为原料,采用木质纤维的纳米纤丝化、溶胶–凝胶等技术制备木质纤维复合功能材料,研究纤维素气凝胶等材料的吸附性能。

本书可作为林业工程、材料化学等专业相关科学研究人员的参考书。

图书在版编目(CIP)数据

木质纤维的纳米纤丝化和凝胶化及吸附性能研究/
刘志明著. —哈尔滨:哈尔滨工程大学出版社,2018.8
　　ISBN 978 – 7 – 5661 – 1553 – 9

　　Ⅰ. ①木… 　Ⅱ. ①刘… 　Ⅲ. ①木纤维—原料—纤丝—研究 ②木纤维—原料—凝胶—研究 ③木纤维—原料—吸附—研究 　Ⅳ. ①TQ353.4

中国版本图书馆 CIP 数据核字(2017)第 172545 号

选题策划　　刘凯元
责任编辑　　张忠远
封面设计　　博鑫设计

────────────────────

出版发行　哈尔滨工程大学出版社
社　　址　哈尔滨市南岗区南通大街 145 号
邮政编码　150001
发行电话　0451 – 82519328
传　　真　0451 – 82519699
经　　销　新华书店
印　　刷　北京中石油彩色印刷有限责任公司
开　　本　787 mm × 960 mm　1/16
印　　张　15.75
字　　数　330 千字
版　　次　2018 年 8 月第 1 版
印　　次　2018 年 8 月第 1 次印刷
定　　价　48.00 元
http://www.hrbeupress.com
E-mail:heupress@ hrbeu.edu.cn

────────────────────

前　言

木质纤维是环境友好型的天然有机高分子材料、可再生生物质材料。木质纤维通过热解可以得到木炭、木焦油和木醋液，通过水解可以得到纳米纤维素胶体悬浮液，采用溶胶－凝胶技术可以得到纤维素水凝胶，采用真空冷冻干燥等技术可以得到纤维素气凝胶。纤维素凝胶在吸附领域具有潜在的开发价值。

本书共分 16 章，包括绪论，竹纤维纤维素凝胶球的结构及形成机理，桉木纤维纤维素凝胶球的制备与表征，海藻酸钠/竹纤维纤维素复合水凝胶球的制备及阳离子染料吸附性能，甲壳素/竹纤维纤维素复合水凝胶球的制备及 Pb^{2+} 吸附性能，羧基化竹纤维纤维素水凝胶球的制备及阳离子染料和金属阳离子吸附性能，Ag_2O/竹纤维纤维素复合气凝胶球的制备及碘蒸气吸附性能，硅烷基化竹纤维纤维素气凝胶球的制备及油吸附性能，壳聚糖/纤维素复合气凝胶球的制备及甲醛吸附性能，疏水纤维素气凝胶的制备及油性试剂吸附性能，掺杂 TiO_2、SiO_2 的纤维素气凝胶的制备及亲水吸附性能，纤维素/氧化铁复合气凝胶的制备及疏水吸附性能，疏水纤维素/SiO_2 复合气凝胶的制备及疏水吸附性能，毛竹纳米纤丝化纤维素及纳米纸的制备与表征，毛竹纳米纤丝化纤维素及复合膜的制备与表征，以及结论。东北林业大学刘志明教授撰写 25 万字，吴鹏撰写 6 万字，刘昕昕、余森海各撰写 1 万字。全书由刘志明教授负责统稿。本书可作为林业工程、材料化学等专业相关科学研究人员的参考书。

本书的研究工作得到了林业公益性行业科研专项项目（201504602－5）、国家自然科学基金项目（31070633）、黑龙江省自然科学基金项目（C2015055）、木醋液精制技术及其工业化应用项目（07043215003）和哈尔滨市科技创新人才项目（2014RFXXJ038）资助。

在撰写本书的过程中，作者曾参阅国内外著作、期刊论文和相关网站，并将这些论著列入参考文献。限于水平，本书疏漏、不妥之处在所难免，恳请读者批评指正。

著　者

2018 年 5 月

目　　录

第1章 绪 论

　　木质纤维是环境友好型的天然有机高分子材料,是可再生生物质材料木材经过机械法加工等得到的絮状纤维物质。木质纤维热解可以得到木炭、木焦油和木醋液,木质纤维水解可以得到纳米纤维素胶体悬浮液。通常将用物理机械方法制备的纳米纤维素称为纳米纤丝化纤维素(nanofibrillated cellulose,NFC),将用酸水解或酶解方法制备的纳米纤维素称为纳米纤维素晶体(nanocrystalline cellulose,NCC)。通过物理机械的、化学的或其他方法得到的纳米纤维素的横截面尺寸(直径)通常为 1 ~ 100 nm。采用溶胶 – 凝胶技术可以得到纤维素水凝胶,采用真空冷冻干燥等技术可以得到纤维素气凝胶。纤维素凝胶在吸附领域具有潜在的开发价值。本书以微晶纤维素、芦苇纤维为原料,制备纤维素凝胶做参比;以竹纤维、桉木纤维为原料,制备纤维素凝胶,对其结构和吸附性能等进行表征。

1.1　纤维素球概述

　　纤维素是地球上存在最为丰富的可再生高分子聚合物,每年有 10^{11} 吨到 10^{12} 吨的纤维素通过植物光合作用被制造出来,约占植物总质量的33%。亚麻、棉花等天然纤维素在几千年前就被人类应用,如今纤维素在造纸和纺织等传统工业领域仍然有着重要的地位。随着石油资源的逐渐匮乏和环境压力的逐渐增大,纤维素这种高机械强度、高化学稳定、可再生、可生物降解和生物相容性良好的生物质资源受到了化学、材料以及其他相关领域研究者的广泛关注。此外,纤维素的多羟基结构和特殊的层次结构也使得它可以通过表面化学修饰以及与其他高分子或纳米无机物复合等手段,形成新的功能性纤维素基材料。纤维素球(cellulose bead),是纤维素材料的一种重要应用形式,广泛用于色谱分离、水处理、蛋白质固定和药物缓释载体等诸多领域,并且在高附加值纤维素商品中占有重要的地位,如图 1 – 1 所示,纤维素球可应用在药物缓释载体和化妆品中。纤维素球首要的特点是它具有球形形态,球形使得材料本身具有更高的可填充性和利于封装等优势,且流体经过球形填料时具有较低的流体阻力。当然,纤维素球并不是简单的球形纤维素颗粒,真正意义上的纤维素球还要具有纤维素凝胶网络的多孔性,与再生纤维素凝胶材料相似,需要经过纤维素的溶解和自聚集凝胶过程制得,而通过挤出、切断和滚圆形成的纤维素颗粒不在纤维素球的研究范围内。简要地说,纤维素球是一种球形的纤维素凝胶,它兼具球形和凝胶结构的特点。因此,许多基于纤维素的改性手段和制备方法也可以快捷地用于纤维素球的研究和性能改良。在过去的几十年里,纤维素球在溶剂选择、成形手段和批量生产等方面已经有了一定的研究基础,如今随着新型纤维素溶剂的发现和纤维素功能化修饰手段的丰富,纤维素球在制备工艺和性能方面都有了极大的发展。

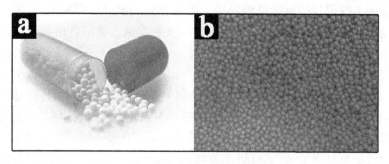

图 1-1　药物载体用和化妆品用纤维素球

(a)药物载体用;(b)化妆品用

1.2　纤维素球的制备

1951 年,O'neill 等首次通过黏胶纤维素溶液和铜氨纤维素溶液采用滴球的方式制备得到了较大粒径的纤维素球。从此以后,不同粒径和不同纤维素溶剂制备的纤维素球不断出现。纤维素球的制备大致可以分为纤维素原料的溶解、纤维素溶液的成球和凝胶固化三个部分。其中,纤维素原料的溶解是纤维素凝胶球制备的首要步骤,只有使纤维素溶解完全才能保证最终凝胶产品的网络稳定和均匀,并且纤维素溶剂的选择也在很大程度上决定了纤维素凝胶固化的条件;而纤维素溶液的成球是使得纤维素凝胶球有别于其他再生纤维素凝胶的关键步骤,主要成球手段包括落球法和分散乳化法。这两种方式最明显的差别是制备的纤维素凝胶球粒径大小的不同,落球法制备的纤维素凝胶球粒径一般处于毫米级,分散乳化法制备的纤维素凝胶球粒径一般处于微米级,图 1-2 展示了这两种方式制备的样品球的宏观差异。

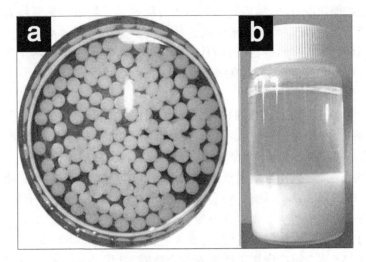

图1-2 由落球法和分散乳化法制备的纤维素球
(a)落球法;(b)分散乳化法

1.2.1 纤维素的溶解和凝胶化

纤维素分子内和分子间的氢键网络使其不溶于水和一般有机溶剂。在过去的几十年里,随着纤维素溶剂研究的深入,很多纤维素溶剂被用于纤维素凝胶球的制备。纤维素溶剂分为非衍生化溶剂和衍生化溶剂。在非衍生化溶剂中纤维素分子之间的氢键缔合作用通过络合或者离子间相互作用来打破,且纤维素分子中的羟基并没有发生化学转变,在再生过程中可以采用水、醇等质子溶剂使纤维素分子氢键重新缔合析出;在衍生化溶剂中纤维素形成亚稳态的纤维素衍生物,通过 pH 值或温度等条件的转变来制备纤维素丝、膜或球。

1. 衍生化溶剂

纤维素的衍生化溶剂(derivatising cellulose solvents)体系主要有二硫化碳(CS_2)/氢氧化钠(NaOH)/水、N_2O_4/二甲基甲酰胺、多聚甲醛/二甲亚砜等。其中,CS_2/NaOH/水体系是制备纤维素丝、膜以及衍生化产品的一种重要溶剂,在纤维素球的研究中最早被使用,现有的商品化纤维素微球以及其他纤维素产品的制备仍主要采用该种溶剂体系。CS_2/NaOH/水溶解纤维素时,纤维素原料经过碱浸泡活化、老化和 CS_2 处理后形成纤维素黄原酸酯(cellulose xanthate,CXA),该衍生物可溶于强碱溶液中得到黏胶纤维素溶液,所得溶液经过脱泡、过滤、喷丝后,进一步在硫酸、硫酸钠和少量硫酸锌组成的水溶液中凝固和拉丝即可得到传统的黏胶纤维素丝。而对于纤维素球的制备,凝固浴的选择起初主要借鉴纤维素黄原酸酯在酸性体系中凝胶固化的方法,随后还发展出了升温等手段使成形的纤维素溶液固化形成凝胶球。但是,$CS_2/NaOH/$水体系这种传统衍生化溶剂体系需要使用大量的CS_2,会对环境造成较严重的污染,而且经过化学转变过程也会使再生纤维素产品中残留部分有害物质,不利于其在医药等领域中的应用。

2. 非衍生化溶剂

非衍生化溶剂与衍生化溶剂相比,在纤维素溶解过程中纤维素羟基没有发生化学转变,因此,在再生过程中就不会产生大量无用的离去基团,同时在该体系下采用的凝胶条件也较为温和,更利于纤维素凝胶的制备和规模化生产。

铜氨溶液是最早被用来溶解纤维素的溶剂,它通过络合作用来阻止纤维素分子中羟基氢键的形成从而溶解纤维素,在纤维素凝胶球制备方面也有所应用,但是该溶剂在再生过程中产生了大量含有重金属离子的废液,这限制了其在纤维素溶解再生等相关产品研发领域中的应用,通常主要用于纤维素平均聚合度的测定。

LiCl/DMAc体系被广泛用于纤维素复合薄膜、纤维和多孔材料的制备。在纤维素凝胶球的制备中,Oliveira等采用该溶剂体系通过雾化装置使纤维素溶液形成微液滴,在异丙醇或甲醇/水体系中进行凝胶固化,从而制备出纤维素凝胶球,并对样品的固含量、强度、粒径大小以及孔径进行了分析。Kaster等也采用类似手段制备出了纤维素凝胶球,并将其用于蛋白质纯化的研究。虽然该体系具有溶解能力强和再生手段简单等优势,但是它的高成本和低回收率限制了它的进一步应用,目前该体系仍主要用于学术研究方面。

NMMO体系是近些年在纤维素工业化产品中使用最为广泛的非衍生化纤维素溶剂体系,它在替代传统高污染黏胶纤维方面已有突出的表现,在纺丝工业中可以用于制备出高性能的"天丝"。

通过成球、低温固化和水洗等步骤也可以获得纤维素凝胶球,但是其在引入磁性颗粒或与其他高分子共混制备复合纤维素凝胶球时热稳定性会大大降低,这限制了其在纤维素凝胶球制备中的应用。

近年来,新型纤维素溶剂在再生纤维素研究领域的应用也推动了纤维素凝胶球的制备工艺的发展。

NaOH/尿素/水是一种廉价、环保和无毒的纤维素溶剂,它在一定程度上削弱了原有的NaOH/水体系对纤维素原料分子量和溶液浓度的限制。在低温条件下,此溶剂可以快速地使纤维素溶解,通过加入稀酸或升温就能使纤维素凝胶固化。该溶剂在纤维素凝胶球制备中的应用也取得了一定的研究进展,例如雾化法和分散乳化法制备纤维素微球。

离子液体是另一类大有前途的非衍生化纤维素溶剂体系,该体系在纤维纺丝、生物质转化和多糖的改性方面已被深入研究,以水作为凝固浴通过分散乳化法和落球法也可制备出纤维素凝胶球,同时该溶剂体系对其他天然高分子极强的溶解能力也使得相应复合纤维素基凝胶球的制备变得简单。

1.2.2 纤维素溶液成球

纤维素溶液成球的原理都是液体在外平衡条件下受到表面张力作用成球,主要分为落球法和分散乳化法,如图1-3所示,落球法制备的纤维素球的粒径一般大于250 μm,而分散乳化法制备的纤维素球的粒径一般小于该值。

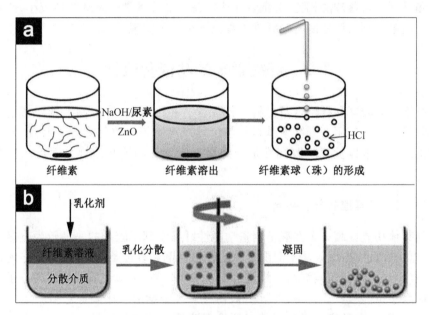

图1-3 落球法和分散乳化法制备纤维素球的示意图

(a)落球法;(b)分散乳化法

1.落球法

纤维素溶液被挤压经过一个细小的毛细管口,在重力、压力、表面张力和毛细管引力的共同作用下形成了小液滴,液滴的体积受控于表面张力和毛细管引力。通常情况下,液体的表面张力为定值,为了得到更小液滴需要采用振动和喷射等辅助手段来减弱毛细管引力的作用,当然,这些手段的作用是有限度的,一般该法获得的纤维素微球的粒径约为0.5~3 mm。然而,出口处球形液滴的形成还是不能保证最终得到的凝胶具有球形形态,根据拉普拉斯方程 $\Delta = 2\gamma/R$,可以得到当液滴从出口滴落时,如果 R 过大就会发生液滴的分裂和畸变等,向较小粒径转变,而且液滴与凝固浴的碰撞也会产生变形。因此,采用该法制备凝胶球往往需要对滴液速度、滴加高度以及溶液黏度进行优化探讨。根据这种液滴在下落过程中形成球形的方式,还演化出了切割法和雾化法等适合规模性生产的手段。

2. 分散乳化法

分散乳化法形成的纤维素凝胶球的粒径一般为 10 ~ 100 μm。纤维素溶剂在极性相反的不互溶液体中高转速形成乳状液,这个过程往往还需要借助表面活性剂来保证乳液的稳定,微液滴形成后添加酸液或提升温度就能使微液滴固化凝胶。在这种方式中,凝胶球的大小受控于搅拌速度、表面活性剂的类型和用量、溶液的比例和黏度。与落球法相比,分散乳化法制备出的纤维素凝胶球粒径较小,并且设备比较简单,因此,该法制备的纤维素凝胶球也最早实现了商品化。

1.3　纤维素球的功能化改性

纤维素凝胶球和纤维素基材料一样仅含有表面羟基,这限制了其在特定吸附和负载等方面的应用。纤维素基材料与天然纤维素衍生物等高分子共混、与功能性无机纳米共混以及化学改性都是纤维素凝胶球在功能化改性方面可以借鉴的手段。

1.3.1　与其他高分子共混

与其他功能性高分子共混是制备功能性纤维素基凝胶球的一种较为直接的手段。与化学改性相比,该法不需要复杂的改性试剂和改性条件,复合凝胶体内的性状也较为均匀。但是,共混对纤维素溶剂要求比较高,必须保证添加的高分子在该溶剂体系中也能较好地溶解,并且引入物在该纤维素溶液中要能保持一定的化学稳定性。同时,其他高分子的引入对纤维素溶液成球和凝胶的条件也会产生一定的影响。因此,这种方法目前仅用于少数天然高分子与纤维素复合凝胶球的制备,例如海藻酸钠、甲壳素、壳聚糖、胶原蛋白和木质素等。

1.3.2　与无机纳米颗粒共混

与高分子材料相比,无机纳米颗粒具有更为特殊的光、电、磁和催化等方面的功能性。将功能性的无机纳米颗粒引入到高分子材料中形成的无机 - 有机复合材料具有更为广阔的应用价值。可以通过共混和原位合成等手段在纤维素凝胶材料中引入纳米颗粒,纤维素的表面羟基和凝胶的多孔结构也有利于纳米颗粒的附着。目前对于包含无机纳米颗粒的纤维素凝胶球的制备已有所研究,例如引入磁性纳米颗粒使纤维素凝胶球具有更好的回收性,引入纳米 Ag 颗粒使纤维素凝胶球具有一定的催化性能等。

1.3.3 化学改性

纤维素含有丰富的羟基,利于改性反应的进行。同时,大量的纤维素衍生化反应也为纤维素凝胶球的化学改性提供了丰富的可借鉴的方法。对于纤维素凝胶球的改性,往往采用非均相的化学反应,这样可以在不改变原有纤维素凝胶球制备工艺的基础上简单、快速地获得新的功能性纤维素凝胶球。

1. 醚化反应

纤维素可以在碱性条件下与卤素、乙烯基或环氧基化物进行醚化反应。对于纤维素凝胶球来说,可以与氯乙酸进行羧甲基化制备出阴离子交换材料,可以与氯乙基二乙胺进行醚化反应得到弱阳离子交换树脂,也可以与三甲基氯硅烷或六甲基二硅氮烷反应得到用于排阻色谱填料的疏水纤维素球。同时,纤维素凝胶球与含双官能团试剂进行醚化反应可以引入活性更高的可修饰官能团,例如纤维素凝胶球与环氧氯丙烷的反应,纤维素中的羟基与其反应脱除 HCl 得到新的环氧基纤维素,该纤维素中间体可以与烯丙基溴再进行反应引入活性烯烃基团。

2. 酯化反应

纤维素凝胶球可以与无机酸进行酯化反应生成带有表面电荷的纤维素凝胶球,例如与硫酸或磷酸反应生成的纤维素凝胶球可用于离子交换树脂或色谱分离填料。纤维素凝胶球还能与对甲苯磺酰氯反应生成带有易离去基团的甲苯磺基纤维素凝胶球,进而可以制备出氨基纤维素。

3. 氧化反应

在纤维素凝胶球氧化改性中主要采用高碘酸氧化法和四甲基哌啶氮氧化物(TEMPO)催化氧化法。其中,高碘酸可以使纤维素分子中 C_2—C_3 键断裂生成两个醛基用于酶的固定,TEMPO 催化氧化可以选择性地使纤维素中的伯羟基转化为酸,用于重金属离子或阳离子染料的吸附。

4. 聚合物接枝反应

聚合物接枝反应也可以用于纤维素凝胶球的功能性修饰,例如在 Ce^{4+} 的引发下纤维素与丙烯酸单体的反应,首先纤维素中的羟基与 Ce^{4+} 形成螯合物,然后与丙烯酸单体发生自由基聚合反应,这样就可以将羧基等功能性官能团引入到纤维素骨架中,并且极大地保留了纤维素骨架的完整性,如图 1－4 所示。

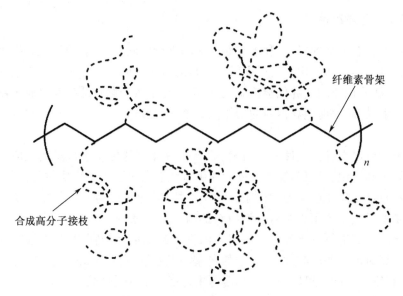

纤维素骨架

合成高分子接枝

图1-4 纤维素接枝共聚示意图

1.4 纤维素球的应用

1.4.1 色谱分离

纤维素凝胶球具有良好的填充性,并且具有较好的抗溶剂性,与纤维素粉体填料相比又有着较低的流体阻力。因此,纤维素球在色谱分离中有着广泛的应用,通过性能调控可以使其用于排阻色谱、亲和色谱和离子交换色谱等中。

在排阻色谱中,要求固定相和被分离物之间相互作用尽可能小,根据分离物流体动力学半径的差异进行分离,因此,利用硅烷基化反应使纤维素凝胶球具有疏水性就可以用于很多极性聚合物的分离。

在亲和色谱中,要求固定相与目标物之间有着很强的吸附特异性,如图1-5(a)所示,而纤维素球自身仅能通过羟基对作用物产生非特异性的吸附,因此,纤维素凝胶球应用在亲和色谱中时往往需要通过表面附着或化学修饰手段将特异性配体或基团引入到纤维素基体中,例如采用某些纺织染料浸染处理的纤维素凝胶球就可与某些蛋白质的辅酶位点进行特异结合,通过调节洗脱液的 pH 值、离子强度或温度就能使附着的蛋白质脱离。除了通过染料配体附着改性的方式外,还可以在纤维素凝胶球上化学修饰上赖氨酸或聚次乙亚胺等基团使其与血液中的内毒素和

DNA 产生特异性结合,以及利用磺酸化修饰纤维素凝胶球使其与各类病毒和类病毒产生特异性结合。

在离子交换色谱中,要求固定相(纤维素凝胶球)具有一定表面电荷,利用固定相对不同组分交换容量的差异进行分离,如图1-5(b)所示。例如,采用叔胺基化改性使纤维素凝胶球具有表面阳离子,可用于血清蛋白和葡萄糖异构酶的分离和纯化;阴离子性的羧基和磺酸基纤维素凝胶球可用于球蛋白和溶菌酶的纯化。

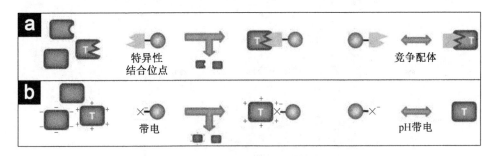

图1-5 纤维素凝胶球在亲和色谱和离子交换色谱中的作用机制
(a)在亲和色谱中的作用机制;(b)在离子交换色谱中的作用机制

1.4.2 离子交换和水处理

含有重金属离子的废水对人类和动植物的生存有着极大的威胁。通过化学改性手段可以对纤维素凝胶球进行硫酸化、磺酸化、磷酸化以及羧基化等修饰使其获得不同强度的阴离子交换性。这类含有阴离子官能团的纤维素凝胶球可以从水中吸附去除大量的重金属离子。据报道,含有羧酸的纤维素凝胶球对钙、铜、银和铅都有较高的吸附能力。还可以通过纤维素与海藻酸钠或壳聚糖共混来制备出用于吸附去除镉和铜的纤维素复合凝胶球。此外,还可以通过双官能团桥连剂将二胺、亚氨基二乙酸或乙二胺四乙酸等强金属配体引入到纤维素骨架中,使其具有更高效的吸附去除能力。

1.4.3 蛋白质固定

酶等蛋白质在固体材料上的固定是酶催化工业大规模应用的先决条件,这样可以保证昂贵的酶催化剂的可循环利用性。纤维素凝胶球是一种优良的酶固定材料,它们不仅具有良好的生物相容性和丰富的可改性羟基,还具有较大的负载表面积,能够使负载的酶催化剂保持着良好的分散性。例如,负载淀粉酶、半乳糖苷酶和蔗糖水解酶的纤维素凝胶球已经得到了一定的工业化应用。在酶蛋白质固定过程中,纤维素基体可以通过环氧氯丙烷和异氰酸酯等偶联剂与酶蛋白质残留氨基等活性基团进行结合。此外,载酶纤维素还可以用于分析设备的传感器,与乙醇、谷氨酸、乳酸和甘油等反应形成可定量检出的过氧化氢或 NADH 分子。如图 1-6 所示,一般情况下纤维素与蛋白质的偶联作用是随机的,因此,为了保证蛋白质更高的活性,还需要在纤维素表面引入某些配位基团来对其活性位点的朝向进行定向调控。

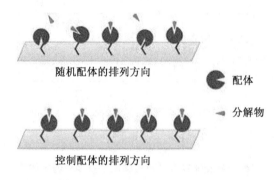

图 1-6　蛋白质的固定和朝向控制

1.4.4　药物负载和缓释

纤维素自身是无毒、无害的,这使得其在食品工业和口服药物中得到了广泛的研究和应用。在口服药的加工中通常会加入一些纤维素或纤维素衍生物作为填料,来使药物的有效成分均匀分布,同时防止药物局部过浓。纤维素凝胶球与传统纤维素填料相比有着极大的比表面积和丰富的孔隙度,从而更利于药物的负载和缓释。例如,根据负载药物的类型,在制备纤维素凝胶球的过程中可以直接加入一些辅助剂,来促进药物在纤维素基质内的均匀分布。此外,丰富的纤维素化学改性手段也可促进纤维素凝胶球的负载量和缓释能力的提高,例如羧甲基化或磷酸化的阴离子纤维素凝胶球可以被用于盐酸哌唑嗪类药物的负载和缓释。还可以通过药物与纤维素基体间形成共价键作用来达到条件控制释放的目的,在一定的 pH 值或某种酶的作用下,药物与纤维素间的共价键断裂导致有效成分得以释放。目前,纤维素凝胶球在药物缓释领域的研究还处于起步阶段,随着纤维素凝胶球制备工艺的日益成熟和性能的日益丰富,纤维素凝胶球在该领域将会有着突出的作用。

第2章 竹纤维纤维素凝胶球的结构及形成机理

2.1 概　述

纤维素凝胶球在色谱分离、水处理、蛋白质固定以及药物缓释载体等领域有着极为广泛的应用。纤维素凝胶球的制备主要包括纤维素溶解、成球和凝胶固化3个部分。其中，成球是保证纤维素凝胶球形形态的关键部分，也是纤维素凝胶球制备与块状再生纤维素凝胶制备的主要差异步骤，大球(粒径约0.5~3 mm)的制备通常采用落球法，微球(粒径约10~100 μm)的制备主要采用分散乳化法。落球法是制备凝胶大球的主要手段，该法通过液滴自由下落过程中表面张力作用使纤维素液滴紧缩成球形，受到液滴下降高度、滴液速度和溶液组成等因素的影响，其中一个因素发生改变就可能导致球形液滴在下落过程中向梨形、锥形或哑铃形等畸变形态转变，因而很难保证球体的稳定性和均一性，最后往往需要加入筛选等后处理过程。本章首先提出利用液滴悬浮态成球的原理来减少传统落球法在液滴下落过程中成球的不利因素，并以此初步研究了纤维素/NaOH/尿素/水溶液体系在非水性三氯甲烷–乙酸乙酯凝固浴中的悬浮成球和凝固机理，并制备出了一系列不同纤维素含量的竹纤维素水凝胶球和气凝胶球，使用扫描电子显微镜以及比表面积和孔隙率测定仪对凝胶样品的微观形貌和孔隙结构进行了初步分析。

2.2 实　验

2.2.1　实验材料

竹纤维(1.5 D×38 mm)，纤维素含量大于98%，购自明通竹炭制品有限公司，采用铜乙二胺黏度法测得纤维素的聚合度(DP)约为126；三氯甲烷、尿素、氢氧化钠、乙酸乙酯、冰乙酸、乙醇和叔丁醇，分析纯，购自阿拉丁试剂。

2.2.2 纤维素凝胶球的制备

纤维素水凝胶球和气凝胶球的制备采用基于 pH 值反转的滴液-悬浮凝胶法,如图2-1所示。具体过程如下:将 7 g NaOH、12 g 尿素、70 mL 水和一定质量的竹纤维在 -12 ℃ 条件下冷冻 24 h,然后在室温下充分搅拌使竹纤维溶解并加水定容到 100 mL 得到一定质量浓度的透明纤维素溶液。真空脱泡后用 2 mL 的一次性滴管将其逐滴加入(垂直滴加)到由三氯甲烷、乙酸乙酯和乙酸配制成的酸性凝固浴中,固化 10 min 后取出凝胶样品,用流动的去离子水浸泡冲洗至中性得到纤维素水凝胶球(sphere cellulose hydrogel),依照纤维素溶液的质量浓度 10 mg/mL、15 mg/mL、20 mg/mL、25 mg/mL 和 30 mg/mL 将样品依次记为 SCH-1、SCH-2、SCH-3、SCH-4 和 SCH-5。将水凝胶样品依次用乙醇置换 1~2 次,用叔丁醇置换 3~5 次,冷冻干燥后得到相应的气凝胶球(sphere cellulose aerogel),分别记作 SCA-1、SCA-2、SCA-3、SCA-4 和 SCA-5。

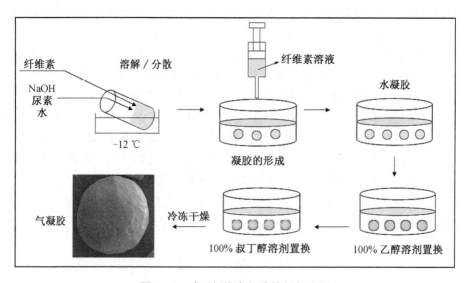

图 2-1　球形纤维素凝胶的制备流程

2.2.3 样品表征

1.SEM 表征

气凝胶球样品用液氮冷冻后,立即用研磨杵轻压使其脆裂,用双面胶将其黏附在样品台上,喷金后采用美国 FEI 公司 Quanta200 环境扫描电子显微镜(SEM)在 12.5 kV 的加速电压下对样品的内部和外部形貌进行观察和拍照。

2. BET 表征

气凝胶球样品在真空烘箱 60 ℃条件下干燥 12 h 后,采用美国 Micromertics 公司的 ASAP 2020 型比表面积和孔隙率测定仪对样品的孔隙结构进行测定,样品在 120 ℃条件下脱气 3 h。

3. 体积收缩率

用 2 mL 一次性滴管向干燥的 10 mL 量筒中逐滴加入纤维素溶液,读出 50 滴液滴所对应的体积 V_{50}(单位 mL),随机取 5 粒纤维素水凝胶球,用滤纸擦拭干表面水后用螺旋测微器测出相应的直径 d(单位 cm),再根据球形体积公式计算出相应的凝胶球体积进而得到平均值体积 V(单位 cm^3)和平均偏差 Δ,根据式(2 - 1)计算出水凝胶在凝胶过程中的体积收缩率 η,将水凝胶的体积换成相应气凝胶的体积就可以得到气凝胶在凝胶和干燥过程中总的体积收缩率。

$$\eta = \left(1 - \frac{50 \cdot V}{V_{50}} \right) \times 100\% \tag{2-1}$$

4. 总孔体积

再生纤维素的相对密度为 1.40 ~ 1.55 g/cm^3,在这里取其平均值 $\rho = 1.475\ g/cm^3$ 对该法制备的再生纤维素气凝胶球的总孔体积进行评价,根据式(2 - 2)计算得到相应的总孔体积 V_T(单位 cm^3/g),式中,V_{50}、V(气凝胶球)来自体积收缩率中的测定数值,c 为相应纤维素溶液的质量浓度。

$$V_T = \frac{50 \cdot V}{c \cdot V_{50}} - \frac{1}{\rho} \tag{2-2}$$

5. 密度测定

采用波美比重计分别测定各质量浓度纤维素溶液和三氯甲烷 - 乙酸乙酯再生溶液的波美度(°Bé),根据式(2 -3)计算得到相应的比重值 γ。

$$\gamma = \frac{144.3}{144.3 - °Bé} \tag{2-3}$$

2.3　实验结果与分析

2.3.1　宏观形态和微观形貌分析

图 2 -2(a)和图 2 -2(c)为质量浓度为 20 mg/mL 的纤维素溶液制备出的纤维素水凝胶球和气凝胶球样品(未经过筛选等处理),在此用它们作为其他样品的代表,从图中可以发现该法制备的水凝胶球和气凝胶球样品都呈现较为均一的球形,样品的粒径约为 2.8 mm。图 2 -2(b)表明所制得纤维素气凝胶球具有极轻的

质量,通过其自身与塑料离心管内壁摩擦产生的静电吸引就可以吸附在离心管内壁上。

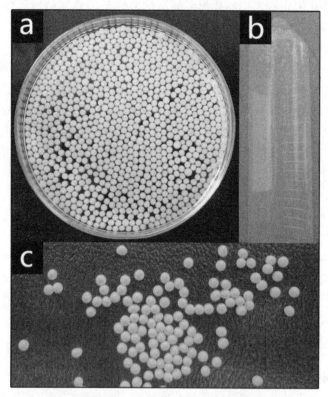

图 2 - 2 SCH - 3 和 SCA - 3 以及不断摇动后
SCA - 3 吸附在倒置离心管内壁上的照片

(a)SCH - 3;(b)不断摇动后 SCA - 3 吸附在倒置离心管内壁上;(c)SCA - 3

图 2 - 3(a)为纤维素在凝胶和冷冻干燥过程中产生的体积收缩,可以看出当纤维素溶液质量浓度从 10 mg/mL 增加到 30 mg/mL,相应的纤维素水凝胶体积收缩率从 24.81% 降低到 7.41%,相应的气凝胶体积收缩率也从 32.43% 降低到 8.54%,两者都呈现出递减的趋势。但是,与文献报道中再生纤维素水凝胶或气凝胶百分之几的体积收缩率相比,该法制备的水凝胶和气凝胶的体积收缩还是较大的,这主要是由其特殊的结构特点和相对较低的纤维素溶液质量浓度(文献中一般采用的纤维素溶液质量分数为 5%)所决定的。根据相同质量浓度的纤维素溶液制备的水凝胶和气凝胶的体积收缩率差值可以得到水凝胶在溶剂置换和干燥过程中所产生的体积收缩,其凝胶过程的体积收缩相比是相当小的,利用叔丁醇升华去

除溶剂的过程也避免了常温干燥中的毛细管收缩现象,极大地保留了原始凝胶的结构特点,因此,通过气凝胶的微观形貌和孔隙结构来预测相应水凝胶的特征变化趋势是可行和简便的。图 2-3(b)为不同质量浓度的纤维素溶液制备出的纤维素气凝胶的孔隙率变化曲线,图中直线为忽略凝胶和干燥过程中体积收缩而计算得到的理论孔隙率,从图中可以看出纤维素气凝胶的孔隙率随着初始纤维素溶液的质量浓度的增加从 99% 降低到 97.78%,但都小于相应的理论值。这一方面进一步说明了制备过程中凝胶体积的减小,另一方面也证明了该法制备的纤维素气凝胶在一定程度上保留了传统纤维素气凝胶低密度和多孔性的特点,因此,通过摩擦可以被静电力所吸附。

图 2-4 展现了该法制备的纤维素气凝胶球的外部特征,为了避免赘述,这里也主要以 SCA-3 样品为例进行说明。从图 2-4(a)中可以发现该法制备的纤维素凝胶球从表面到内部有着明显的层次结构变化。大致可将其分为三部分,即表层(或称界面层)、过渡层(或称反应层)和内部。其中,表层和过渡层占据大约 5 μm 的厚度,与凝胶球的直径 2.8 mm 相比是微不足道的,因此,纤维素凝胶球的孔结构特征也主要受控于内部凝胶网络结构。但是,致密的表层(如图 2-4(d)所示)也可能赋予了该凝胶球在力学强度等方面的优越性。同时,由图 2-4(b)和图 2-4(c)可以看出这种致密的表面并不是完全密封的,存在着较多向外翻的开孔,这种开孔结构的形成参见后面的机理分析部分。然而,对于过渡层来说,它的密集程度介于表层和内部之间,它和内部结构一样是由纤维素网络构成的多孔结构,但是相对内部又表现得更为致密。

图 2-5 主要表明了不同质量浓度纤维素溶液制备的凝胶球的内部结构差异。由图 2-5(b)至图 2-5(f)可以看出由各质量浓度纤维素溶液制备出的球形纤维素凝胶内部都是由纤维素分子聚集网络构成的,表现出高的多孔性和无序性,并且网络表面是凹凸不平的,与原料竹纤维丝状、平整的外形和较大的直径(图 2-5(a))相比,该凝胶网络在纤维溶解和聚集过程中已经发生了很大的变化,这是溶解的纤维素分子链在凝胶化过程中重新组装、聚集和缠绕导致的。这种无序的内部网络结构与其他再生纤维素凝胶结构一致。同时,不同质量浓度的纤维素溶液制备的纤维素凝胶的内部网络也存在很大差异。随着纤维素溶液质量浓度的增大,其所制备的凝胶网络密集程度增加,因此,它们的孔隙结构也会有所差异,具体分析参见 2.3.3 节。

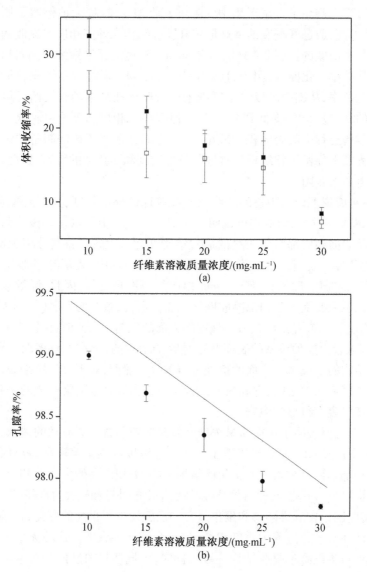

图 2 - 3 水凝胶(□)和气凝胶(■)的体积收缩率以及气凝胶的
孔隙率随纤维素溶液质量浓度的变化曲线

（a）水凝胶（□）和气凝胶（■）的体积收缩率；

（b）气凝胶的孔隙率随纤维素溶液质量浓度的变化曲线

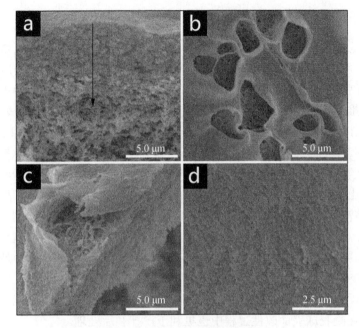

图 2 - 4　SCA - 3 的 SEM 图

(a)断面边缘;(b)外表面;(c)表面气孔;(d)表面的致密部分

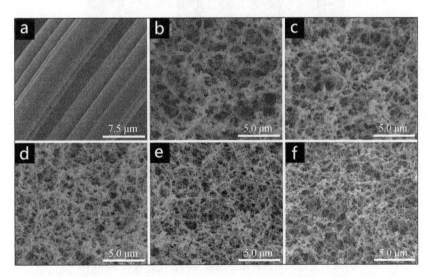

图 2 - 5　竹纤维以及不同质量浓度纤维素溶液制备的样品内部的 SEM 图

(a)竹纤维;(b)SCA - 1;(c)SCA - 2;(d)SCA - 3;(e)SCA - 4;(f)SCA - 5

2.3.2 力学强度分析

图 2-6 展示了这种核壳结构的再生纤维素水凝胶球与具有开孔结构的再生纤维素水凝胶的力学强度差异。球形凝胶较小,不易通过压缩应力-应变实验来衡量其力学强度特征。但是,无论是根据其致密的核壳结构还是实验中的触碰按压,都可以推测出它与传统的不具有核壳结构的纤维素凝胶相比有着较高力学强度。因此,在这里仅做一些简单的定性判断。图 2-6(a)和图 2-6(b)为该法制备的 SCH-3 在加载 50 g 砝码 1 min 时以及卸载压力后的形态变化,从图中可以看出仅 16 粒的纤维素水凝胶球就可以支撑起 50 g 的砝码并且还保持了原有的球形形态,没有出现明显的变形和开裂。图 2-6(c)和图 2-6(d)是 5 mL 相同质量浓度纤维素溶液通过温度反转法凝胶(即 60 ℃固化 24 h)和浸泡洗涤制备的纤维素凝胶块,从图 2-6(c)和图 2-6(d)中可以发现,这种表面也保持着疏松网络结构的纤维素水凝胶,像豆腐和果冻这些凝胶一样,在洗涤和触碰的过程中就发生了一定的破裂和变形。这些现象可以侧面说明这种具有致密外壳的纤维素凝胶球在力学强度上有了一定的提高,因此,它在作为填充分离材料应用时也更能经受得住流体的冲击,在凝胶球表面改性过程中也更利于搅拌和后处理。

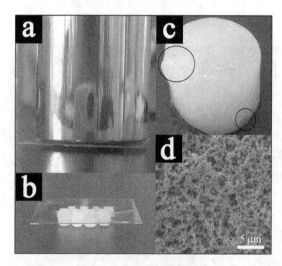

图 2-6 SCH-3 负载 50g 砝码和解除负载后的照片以及相同质量浓度纤维素溶液制备的纤维素凝胶块的宏观照片和 SEM 图

(a)SCH-3 负载 50g 砝码;(b)SCH-3 解除负载后;

(c)纤维素凝胶块的宏观照片;(d)纤维素凝胶块的 SEM 图

2.3.3　孔隙结构分析

如图2-7(a)所示,随着纤维素溶液初始质量浓度的增加,相应气凝胶样品的比表面积略微减少,但大体上都具有较高的比表面积(200 m^2/g),比表面积的减小可以从纤维素网络交织的稠密方面进行解释,假如在各浓度梯度下形成的气凝胶网络的粗细没有改变,那么交织的节点势必会减少一部分暴露的表面积。图2-7(b)是 SCA-3 的 N_2 吸附-脱附等温线,根据 IUPAC(International Union of Pure and Applied Chemistry,国际纯粹与应用化学联合会)的规定,该等温线为Ⅳ型,并且具有 H1 型滞留环。滞留环形成在较大 P/P_0 的位置,因此,可以推测该材料具有丰富的中孔和大孔。表2-1和图2-8具体描述了不同纤维素气凝胶样品的孔隙组成和分布,可以看出5种气凝胶样品都是大孔最多,中孔较少而微孔最少,而总孔体积与孔隙率都随着纤维素溶液质量浓度的增加而减少,微孔随着纤维素溶液质量浓度增加没有明显的变化规律,中孔体积随着纤维素溶液质量浓度的增加先增大然后逐渐趋于平稳,其中,SCA-3 的中孔体积为最大值1.183 cm^3/g。图2-9为 SCA-3 的孔径分布图以及不同质量浓度的纤维素溶液制备的气凝胶样品的平均孔径,其他样品也呈现相似的孔径分布,可以看出样品在该范围内主要呈现一个主峰(在19 nm),并且纤维素溶液初始质量浓度对其平均孔径的影响也不大。以上分析进一步证明了该法制备的纤维素凝胶具有丰富的孔隙结构以及较大的中孔体积,这些特征也对其在吸附、负载和分离等领域的应用有着积极的意义。

表2-1　不同样品的孔体积分布

纤维素溶液质量浓度 /(mg · mL^{-1})	微孔体积[①] /(cm^3 · g^{-1})	中孔体积[②] /(cm^3 · g^{-1})	总孔体积[③] /(cm^3 · g^{-1})
10	0.005 2	1.029	66.89
15	0.004 7	1.093	51.14
20	0.005 7	1.183	40.47
25	0.004 4	1.146	32.88
30	0.005 4	1.157	29.81

①根据 N_2 吸附 t-plot 曲线拟合确定。

②根据 N_2 吸附测量确定。

③根据样品和再生纤维素的平均密度(1.475 g/cm^3)计算。

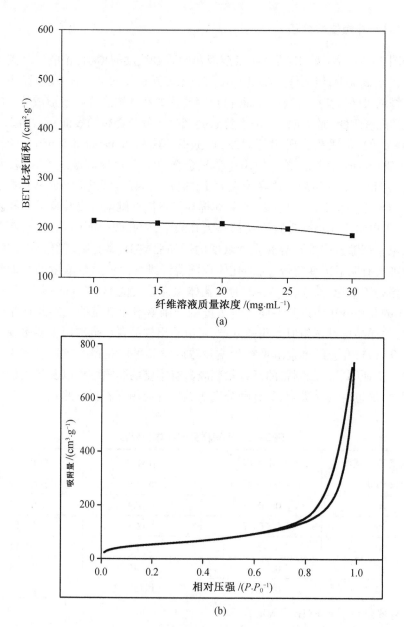

图 2 - 7　纤维素溶液质量浓度对比表面积的影响以及

SCA - 3 的 N₂ 吸附 - 脱附等温线

（a）纤维素溶液质量浓度对比表面积的影响；（b）SCA - 3 的 N₂ 吸附 - 脱附等温线

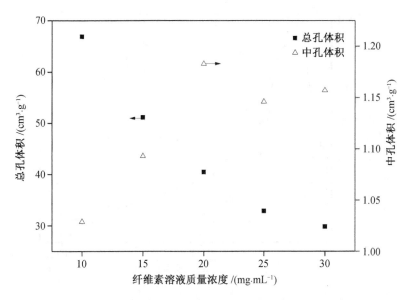

图 2 – 8　纤维素溶液质量浓度对纤维素气凝胶球孔体积的影响

2.3.4　形成机理分析

结合纤维素凝胶宏观的球形特征和微观的核壳结构的特点,可以对该球形纤维素凝胶的形成机理进行分析,首先分析在该体系中球形液滴的形成机理,然后分析球形液滴在该体系中凝胶化过程中产生的核壳结构的形成机理。

1. 球形液滴的形成机理

球形液滴的形成对于球形凝胶的制备是至关重要的,纤维素溶液液滴在下落和凝胶过程中产生的任何畸变都会影响到最后凝胶球形形态的均一。如图 2 – 10(a)所示,球形液滴的形成主要受控于液体的表面张力,根据拉普拉斯定律,液体表面分子受不平衡的界面紧缩力作用时会致使液体趋向形成具有最小表面积的球形,因此,在不受重力和其他外力的影响时,液体通常呈球形。例如,液滴在自由落体过程中和悬浮状态下都保持着球形,而传统落球法制备的纤维素凝胶球的成形大都是依赖于纤维素溶液液滴在逐滴下落过程中形成球体,因此,球形的获得受到液滴的滴加速度、下落高度和溶液黏度等诸多因素影响。同时,纤维素溶液的凝固浴的配制也主要依据纤维素纺丝固化浴的配制。NaOH/尿素/水溶液体系的纤维素溶液所采用的凝固浴通常为酸性水溶液,纤维素溶液与凝固浴之间不存在明显的界面差异,球形液滴容易受到液滴与凝固浴碰撞、凝固浴自身扰动和界面扩散等因素的影响而产生变形。

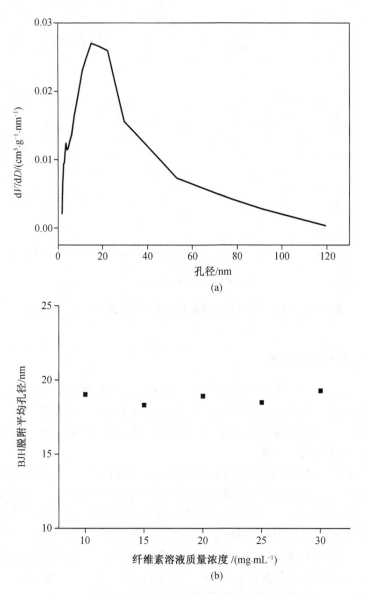

(a)

(b)

**图 2 - 9 SCA - 3 的孔径分布图以及不同质量浓度的
纤维素溶液制备的气凝胶样品的平均孔径**

（a）SCA - 3 的孔径分布图；（b）不同质量浓度的纤维素溶液制备的气凝胶样品的平均孔径

在本章实验中选用的凝固浴具有以下 3 个特点,因而更利于球形液滴的形成和稳定,如图 2 - 10(b)所示。

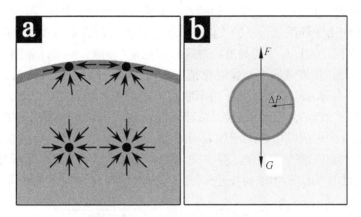

图 2 - 10 液体内部分子受力图和悬浮态水滴的受力分析图
(a)液体内部分子受力图;(b)悬浮态水滴的受力分析图

(1)密度与纤维素溶液密度近似($F = G$)。本章实验中三氯甲烷 - 乙酸乙酯混合液的密度为 1.164 g/cm³,几种不同质量浓度的纤维素溶液的密度为 1.162 ~ 1.66 g/cm³。这样,利用悬浮力来平衡重力,从而在界面张力的作用下平衡和稳定了液滴的球形形态。同时,在实验中发现,球形纤维素溶液液滴的形成在一定程度上不受液滴下落的高度的影响,纤维素溶液的逐滴加入仅作为均匀分割溶液体积的一种方法,即使液滴下落的高度发生一定程度的改变,在进入凝固浴后也会快速地转变为球形。

(2)两相界面。非水性三氯甲烷 - 乙酸乙酯凝固浴与水体系的纤维素溶液形成明显的两相界面,防止了纤维素分子向凝固浴中扩散而形成畸变。

(3)分子间氢键的作用使得水的表面张力为 72.8 mN/m,远大于其他液体的表面张力,因此,水体系的纤维素溶液液滴在三氯甲烷 - 乙酸乙酯凝固液中受到了很强的紧缩压力(Δ),这有利于液滴的稳定,即使凝固液轻微扰动也不易使液滴产生变形。

2. 核壳结构的形成机理

图 2 - 11 描述了球形纤维素凝胶的核壳结构的形成过程。首先,在纤维素溶液液滴和凝固浴的两相界面上,乙酸快速地渗透进入纤维素溶液液滴的水相与液滴中的氢氧化钠发生中和反应,导致纤维素分子在界面上沉积形成较为致密的界面层(如图 2 -4(d)所示),从反应 1 min 球形纤维素溶液液滴的照片(如图 2 - 12(a)所示)中也可以发现液滴外层逐步变为白色,而内部仍为透明状,此现象也说明了纤

维素溶液液滴的整个固化过程是从外向内进行的。然后,乙酸分子渗透通过界面层(如图2-11所示)继续与溶液中的氢氧化钠中和使纤维素分子析出固化。但是,在致密的界面层形成时液滴外部的纤维素浓度已经大大降低,而内部较高浓度的纤维素溶液由于纤维素分子较大向外部扩散较慢等原因来不及填补内外的浓度差,所以与界面层相比反应层具有相对疏松的孔隙(如图2-4(a)和图2-4(c)所示)。与此同时,随着液滴内部氢氧化钠逐渐被消耗,纤维素溶解体系原有的平衡被打破,致使内部的纤维素分子开始不断地析出形成凝胶网络。从图2-12(b)中可看出,在凝胶过程完成后纤维素凝胶球周围包裹了一层水相,该水相的产生也证明了凝胶过程中的酸碱中和反应和表面纤维素固化聚集收缩现象的发生。最后,在叔丁醇溶剂置换的冷冻干燥过程中,球形纤维素水凝胶内部的叔丁醇分子快速汽化冲破了致密的界面层,形成向外开孔(如图2-4(b)所示)的球形纤维素气凝胶。

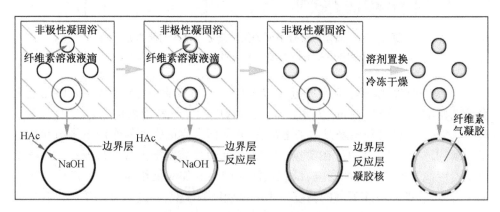

图2-11 球形纤维素凝胶的核壳结构的形成过程

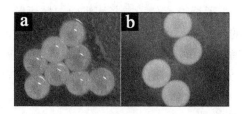

图2-12 纤维素液滴凝胶浴中固化1 min后取出拍摄的照片和
固化10 min后在凝胶浴中拍摄的照片

(a)固化1 min后取出拍摄的照片;(b)固化10 min后在凝胶浴中拍摄的照片

2.4 小 结

本章基于 NaOH/尿素/水溶剂系统提出了新的纤维素凝胶大球的制备工艺——pH 值反转的滴液 – 悬浮凝胶法,该法使得凝胶球制备过程中液滴球形稳定性有了明显的改善,并以此制备出了均匀的球形纤维素水凝胶,通过溶剂置换和冷冻干燥处理得到了相应的高孔隙率、低密度的球形纤维素气凝胶。该法制备的凝胶球产品有着较高的力学强度,同时该凝胶还具有核壳结构,表面为纤维素分子沉积形成的致密壳形结构,内部为纤维素分子链聚集缠绕形成的无序三维多孔网络结构。该凝胶的孔隙特征主要受控于内部多孔的纤维素网络,不同质量浓度纤维素溶液制备的凝胶样品都表现出较高的比表面积和丰富的孔体积,其中,SCA – 3 的比表面积为 209.9 m^2/g,中孔体积为 1.183 cm^3/g。因此,这种 pH 值反转的滴液 – 悬浮凝胶法对纤维素凝胶大球的制备工艺改良和凝胶球的大规模生产都有着积极的意义。

第3章 桉木纤维纤维素凝胶球的制备与表征

3.1 概　述

纤维素凝胶球的制备主要包括纤维素溶解、成球和凝胶固化3个部分。其中，纤维素溶解是凝胶球以及其他纤维素凝胶制备的首要步骤，关系着凝胶纤维网络的均一性和分散性，并在一定程度上决定了纤维素原料的选择。NaOH/尿素/水这种非衍生化溶剂体系一般要求纤维素的聚合度（DP）低于200，如此才能确保纤维素的完全溶解。本书第2章中采用一种聚度较低的竹纤维（DP 约为126）制备出了纤维素凝胶球。在本章中将采用更为廉价和普遍的纸浆原料（桉木纸浆和芦苇纸浆）进一步探索该法制备纤维素凝胶球对原料的适应性，并以微晶纤维素这种高纤维素含量的原料作为参照样品对不同原料制备的凝胶球样品进行系统性的对比分析。

3.2 实　验

3.2.1 实验材料

微晶纤维素（MCC），纤维素含量大于99%，购自上海恒信化学试剂有限公司；桉木纸浆（水分5.92%、灰分2.39%，木质素7.44%，硝酸－乙醇纤维素75.84%）和芦苇纸浆（水分4.64%、灰分0.94%、木质素3.81%、硝酸－乙醇纤维素78.65%），工业级，购自黑龙江省牡丹江市恒丰纸业集团有限责任公司；氢氧化铜，化学纯，购自阿拉丁试剂；浓盐酸（HCl 质量分数为36%～38%），分析纯，购自天津市东丽区天大化学试剂厂；三氯甲烷、尿素、氢氧化钠、乙酸乙酯、冰乙酸、乙醇、乙二胺和叔丁醇，分析纯，购自阿拉丁试剂。

3.2.2 纸浆预处理

为了保证芦苇纸浆和桉木纸浆这两种 DP 较大的纤维纸浆原料在非衍生化溶

剂体系 NaOH/尿素/水溶剂体系中的完全溶解,采用盐酸-乙醇法对纤维素纸浆原料进行酸解处理来降低两者的 DP 值并去除纤维的初生壁。具体过程如下:将150 g 纤维素纸浆原料加入4 L 盐酸-乙醇溶液(浓盐酸和乙醇的体积比为1:25)中,在70 ℃ 的条件下不断搅拌,反应一定时间后过滤洗涤至中性,最后冷冻干燥,得到经过酸解预处理的纤维素纸浆原料。

3.2.3　不同原料纤维素凝胶球的制备

称取5 g 不同预处理时间的纤维素纸浆原料和微晶纤维素配置成质量浓度为20 mg/mL 的纤维素/NaOH/尿素/水溶液,选用完全溶解的纤维素溶液(参见2.2.2节),采用基于 pH 值反转的滴液-悬浮凝胶法制备相应的球形水凝胶。为了方便描述,将微晶纤维素(MCC)、桉木纸浆(eucalyptus pulp)和芦苇纸浆(reed pulp)制得的水凝胶球(sphere cellulose hydrogel)分别记为 SCH-M、SCH-E 和 SCH-R,将相应的气凝胶球(sphere cellulose aerogel)分别记为 SCA-M、SCA-E 和 SCA-R。

3.2.4　样品表征

纤维素凝胶球的 SEM 表征和 BET 表征参见2.2.3节。

1. 纤维素聚合度测定

根据 ASTM(American Society for Testing Materials,美国材料与试验协会)的规定,采用毛细管黏度法测定初始纤维素纸浆原料和预处理后纤维素纸浆原料的聚合度(DP),将纤维素溶解到铜乙二胺溶液中配制出5种不同质量浓度的纤维素溶液,并采用乌氏黏度计在(25.0 ± 0.1) ℃ 条件下测定出这5种纤维素溶液的增比黏度 η_{sp},再依据外推法得到本征黏度 $[\eta]$,根据 Mark-Houwink-Sakurada 方程计算出纤维素的聚合度:

$$DP^{0.905} = 0.75 \times [\eta] \tag{3-1}$$

2. 粒径分布测定

将不同原料制备的水凝胶球分别平铺到培养皿中,用滤纸吸去底部残留的水,将刻度尺置于培养皿边上用数码相机垂直拍照。采用 Nano Measurer 分析软件对所得的照片进行统计分析,统计数量不低于100个,从而得到平均粒径和粒径分布图,然后根据正态分布公式对数据进行高斯分布拟合,得到均数 μ、标准差 σ 和确定系数 R^2:

$$f(x) = y_0 + \frac{A}{\sqrt{2\pi}\sigma} e^{-\frac{(x-\mu)^2}{2\sigma^2}} \tag{3-2}$$

3. 红外表征

采用美国 NICOLET 仪器有限公司的 MAGNA – IR560 型傅里叶变换红外光谱仪对气凝胶样品和纤维素原料的化学态进行测定,光谱扫描范围为 650 ~ 4 000 cm^{-1}。

4. XRD 表征

采用日本理学(RIGAKU)仪器有限公司的 D/MAX – RB 型 X 射线衍射仪对气凝胶样品和纤维素原料进行结晶态表征,测定条件为室温铜靶 Kα 辐射,加速电压为 40 kV,电流为 50 mA,扫描速度为 4 (°)/min,扫描范围为 5° ~ 40°。参见 Segal 提出的经验法计算其结晶度指数:

$$CrI = \frac{(I_{main} - I_{am})}{I_{main}} \qquad (3-3)$$

式中,I_{main} 为主峰的衍射强度,对于 I 型纤维素该峰为 22.5°附近的最大值,对于 II 型纤维素该峰为 20.1°附近的最大值;I_{am} 为主峰与第二峰之间的最小峰衍射强度,对于 I 型纤维素该峰处于(101)/(10$\bar{1}$)与(002)晶面之间,对于 II 型纤维素该峰处于(101)与(10$\bar{1}$)晶面之间。

5. 热失重表征

气凝胶样品在真空烘箱 60 ℃ 条件下干燥 12 h 后,采用德国耐驰公司的 209F3 热重分析仪对气凝胶样品和纤维素原料的热稳定性进行分析,升温速率为 10 K/min,测量范围为 40 ~ 600 ℃。

3.3 实验结果与分析

3.3.1 纤维素聚合度分析

图 3 – 1 为不同预处理时间下各纤维素原料 NaOH/尿素/水溶液的表观图像。从图 3 – 1 中可以看出,经过一定时间的盐酸 – 乙醇处理后,不易在 NaOH/尿素/水溶剂体系中完全溶解的桉木纸浆和芦苇纸浆完全溶解,形成如微晶纤维素溶液一般透明的溶液。通过对不同预处理时间的纤维素原料的聚合度(DP)的测定可以发现,微晶纤维素、桉木纸浆和芦苇纸浆的初始 DP 分别为 169、687 和 426,桉木纸浆经过 2 h 和 3 h 预处理后 DP 变为 332 和 193,芦苇浆纸经过 2 h 预处理后 DP 变为 177。由此可见,酸解有效地降低了高聚合纤维素原料的 DP,保证了纤维素原料在 NaOH/尿素/水溶剂体系中的完全溶解,有利于该溶剂体系中纤维素凝胶的制备。

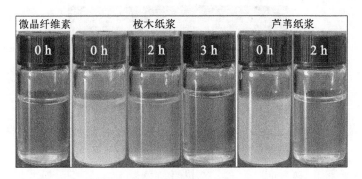

图 3-1　不同预处理时间下各纤维素原料的 **NaOH/尿素/水溶液**的表观图像

3.3.2　粒径分布分析

图 3-2 为采用溶解完全的 MCC、桉木纸浆(预处理 3 h)和芦苇纸浆(预处理 2 h)制备的纤维素水凝胶球的照片和相应的粒径分布曲线,可以看出原料变化对制备的纤维素凝胶球的表观均一性和粒径分布影响不大,采用滴液-悬浮凝胶法以不同原料制备的纤维素凝胶都呈现好的球形形态。通过粒径的测量得到 SCH-M、SCH-E 和 SCH-R 的平均粒径分别为 3.27 mm、2.96 mm 和 3.21 mm(见表 3-1),经过正态分布曲线拟合后可以看出 SCH-M、SCH-E 和 SCH-R 的粒径都较好地满足正态分布,确定系数 R^2 值都接近 1,并且均数 μ 的值和平均粒径也较为一致,σ 的值较小,表明样品的粒径分布较为狭窄,这些进一步表明了滴液-悬浮凝胶法制备球形纤维素凝胶的可靠性和对纤维素原料的广泛适应性。

表 3-1　不同样品的平均粒径以及正态分布拟合参数

样品	平均粒径/mm	μ	σ	R^2
SCH-M	3.27	3.27	0.140	0.999 95
SCH-E	2.96	2.97	0.108	0.994 84
SCH-R	3.21	3.12	0.098	0.984 04

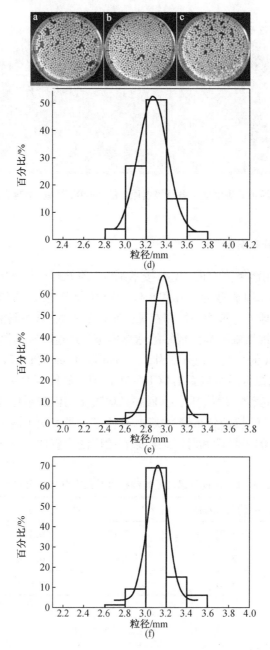

图 3 – 2   SCH – M、SCH – E 和 SCH – R 的照片以及相应的粒径分布曲线

（a）SCH – M 的照片；（b）SCH – E 的照片；（c）SCH – R 的照片；

（d）SCH – M 的粒径分布曲线；（e）SCH – E 的粒径分布曲线；（f）SCH – R 的粒径分布曲线

3.3.3　形貌分析

图 3 - 3 为 SCA - M、SCA - E 和 SCA - R 的表面和内部的 SEM 图像。从图 3 - 3 中可以看出这 3 种由不同原料制备的纤维素凝胶球都呈现滴液 - 悬浮凝胶法制备的凝胶球所特有的表面密集、内部疏松的核壳结构。但是，三者构成内部纤维网络的结构略有差异。SCA - M(如图 3 - 3(d)所示)与第 2 章中由竹纤维制备的凝胶球相似，其内部纤维网络呈现凹凸的丝网状，而 SCA - E 和 SCA - R 的内部纤维网络中出现了片状聚集，这种差异可能会导致不同凝胶样品内部孔隙结构的差异(参见 3.3.5 节)。这种现象可能是由于纸浆原料中含有一定的木质素和半纤维素杂质造成的。

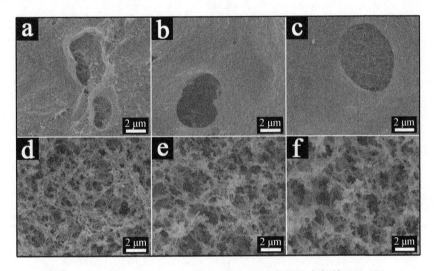

图 3 - 3　SCA - M、SCA - E 和 SCA - R 的表面和内部的 SEM 图
(a)SCA - M 表面；(b)SCA - E 表面；(c)SCA - R 表面；
(d)SCA - M 内部；(e)SCA - E 内部；(f)SCA - R 内部

3.3.4　红外分析

图 3 - 4 为 SCA - M、SCA - E、SCA - R 和相应原料的红外光谱图，可以发现纤维素凝胶球和相应纤维素原料的红外峰的强度和位置有明显的差别，纤维素原料在 3 300 cm^{-1} 处的—OH 伸缩振动吸收峰向高波数移动，这是因为在凝胶过程中水分子与纤维素中羟基的结合阻碍了纤维素分子链自身之间氢键的缔合。890 cm^{-1} 处的吸收峰是苷键的变形振动即 β - 异头碳或 β - 连接葡聚糖的特征吸收峰，它的

峰值的增强初步表明了在 NaOH/尿素/水溶剂体系中纤维素的溶解再生过程使纤维素由Ⅰ型向Ⅱ型转变。1 421 cm^{-1}处的吸收峰表明纤维素中 C$_6$位的 CH$_2$OH 构象从反式－旁式向旁式－反式的转变加剧,也说明纤维素的溶解再生过程中的晶型转变。综上所述,可知滴液－悬浮凝胶法制备纤维素凝胶球的过程中没有使纤维素原料产生化学转变,仅发生了物理聚集态结构的转变。

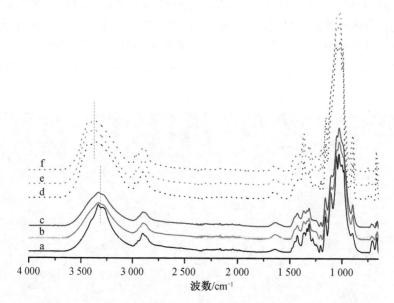

图 3 –4   SCA –M、SCA –E、SCA –R 和相应原料的红外光谱图

a—SCA –M 原料;b—SCA –E 原料;c—SCA –R 原料;

d—SCA –M;e—SCA –E;f—SCA –R

3.3.5   XRD 分析

图 3 –5 为 SCA –M、SCA –E、SCA –R 和相应原料的 XRD 图和结晶度数值,可以看出,本章实验所选用的 3 种纤维素原料都显示出Ⅰ型纤维素的特征峰,即在 $2\theta = 14.9°$、$2\theta = 16.6°$、$2\theta = 20.6°$、$2\theta = 22.8°$和 $2\theta = 34.5°$对应(101)、($10\dot{1}$)、(021)、(002)和(040)晶面的衍射峰;纤维素凝胶球显示出Ⅱ型纤维素的特征峰,即在$2\theta = 12.1°$、$2\theta = 20.2°$和 $2\theta = 21.5°$对应(101)、($10\dot{1}$)和(002)晶面的衍射峰。从样品的结晶度数值的变化可以看出微晶纤维素原料与其他两种原料的结晶度相差较大,但是经过溶解再生后形成的纤维素凝胶球的结晶度相近,都处在 72% 左右,说明凝胶的形成是纤维素分子链自凝聚的结果,与初始原料结晶度无关,并且

由于在再生过程中纤维素分子与水的结合形成了多孔结构,因此,其结晶度不大。结合红外分析的结果,XRD 分析的结果进一步说明了纤维素在溶解和再生过程中仅发生了结晶结构的变化,没有发生化学结构的改变。

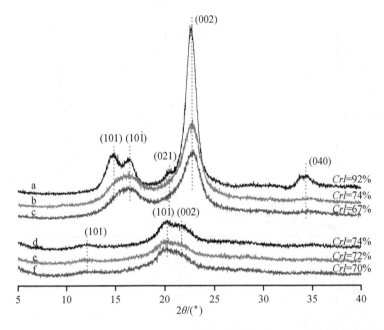

图 3 - 5　SCA - M、SCA - E、SCA - R 和相应原料的 XRD 图和结晶度数值
a—SCA - M 原料;b—SCA - E 原料;c—SCA - R 原料;d—SCA - M;e—SCA - E;f—SCA - R

3.3.6　孔隙结构分析

图 3 - 6(a)和图 3 - 6(b)分别为 SCA - M、SCA - E 和 SCA - R 的 N_2 吸附 - 脱附等温线和孔径分布图。根据 IUPAC 的规定和图 3 - 6(a)可知,三种样品的 N_2 吸附 - 脱附等温线都为Ⅳ型,并且都具有 H1 型滞留环;滞留环形成在较大 P/P_0 的位置,因此可以推测该材料具有丰富的中孔和大孔;含有一定杂质的纸浆纤维素气凝胶球与高纯度的微晶纤维素气凝胶球相比 N_2 吸附量有明显的提升。由表 3 - 2 给出的孔隙结构特征数据可以看出 SCA - M、SCA - E 和 SCA - R 的比表面积分别为192.3 m^2/g、269.4 m^2/g 和 273.7 m^2/g,中孔体积分别为 1.054 cm^3/g、1.437 cm^3/g 和1.367 cm^3/g。这些一方面表明几种纤维素原料制备的凝胶球都具有较高的多孔性,另一方面也说明一定非纤维素物质的引入可以提升纤维素凝胶的微细化程度从而提升其孔隙结构。从图 3 - 6(b)中可以看出 3 种样品的孔径分布变化不

大,都呈现单一的分布区域,但是由纸浆制备的纤维素气凝胶的平均孔径明显向低孔径偏移。

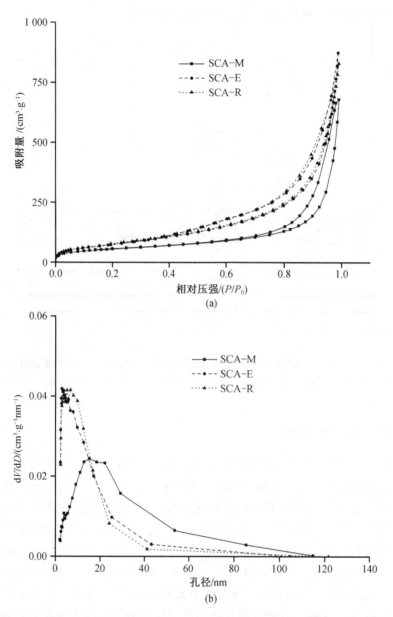

图 3 – 6　SCA – M、SCA – E 和 SCA – R 的 N$_2$ 吸附 – 脱附等温线和孔径分布图

（a）N$_2$ 吸附 – 脱附等温线；（b）孔径分布图

表3－2　样品的孔隙结构特征

样品	BET 比表面积 /(m² · g⁻¹)	BJH 吸附平均孔径/nm	微孔体积① /(cm³ · g⁻¹)	中孔体积② /(cm³ · g⁻¹)	总孔体积③ /(cm³ · g⁻¹)
SCA – M	192.3	19.27	0.005 4	1.054	52.14
SCA – E	269.4	13.42	0.0051	1.437	38.85
SCA – R	273.7	12.64	0.005 8	1.367	49.55

①根据 N_2 吸附 t – plot 曲线拟合确定。

②根据 N_2 吸附测量确定。

③根据再生纤维素的平均密度(1.475 g/cm³)计算。

3.3.7　热失重分析

图3－7为纤维素原料和相应气凝胶样品的热重曲线,可以看出纤维素原料和相应气凝胶样品在30～450 ℃主要存在两个失重区域,在120 ℃样品内吸附的小分子挥发引起轻微失重,在300～350 ℃纤维素分子链断裂、脱氢和脱碳产生主要失重。纤维素原料和相应气凝胶样品的热重曲线主要在主要失重区域产生差别,由于在该区域首先发生的是纤维素内无定形区域的断裂,因此,较高结晶度的纤维素原料的初始分解温度比气凝胶样品的初始分解温度要高,而结晶度相近的不同原料制备的气凝胶样品的初始分解温度相差不大。微晶纤维素、桉木纸浆和芦苇纸浆的初始分解温度分别为322.3 ℃、319.8 ℃和316.2 ℃,相应气凝胶样品的初始分解温度分别为297.4 ℃、288.0 ℃和297.9 ℃。

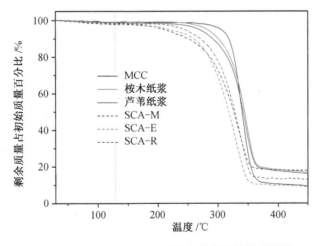

图3－7　纤维素原料和相应气凝胶样品的热重曲线

3.4 小 结

本章通过盐酸－乙醇酸解预处理手段将纤维素纸浆原料完全溶解到 NaOH/尿素/水溶剂体系中,并在此基础上进一步验证了滴液－悬浮凝胶法制备纤维素凝胶球的适应性,微晶纤维素、桉木纸浆和芦苇纸浆制备的凝胶球都保持着均匀的球形形态,平均粒径分别为 3.27 mm、2.96 mm 和 3.21 mm,并且都具有明显的核壳结构,内部为纤维素三维网络构成的多孔结构。在制备前后纤维素原料的化学态组成没有改变,制备过程仅使纤维素的结晶结构从 I 型转变为 II 型,并且初始纤维素原料的结晶度对最终凝胶球产品的结晶度影响不大,最终产品的结晶度都为 72% 左右。最终产品与所对应的纤维素原料相比,热分解温度都略有降低。同时,纸浆原料中的少量杂质避免了纤维网络的过密聚集,使得其所得产品与微晶纤维素所得产品相比有着更加丰富的中孔,其中,SCA－M、SCA－E 和 SCA－R 的比表面积分别为 192.3 m^2/g、269.4 m^2/g 和 273.7 m^2/g,中孔体积分别为 1.054 cm^3/g、1.437 cm^3/g 和 1.367 cm^3/g。因此,滴液－悬浮凝胶法对纤维素凝胶球制备所需原料有着极为广泛的适应性,同时纸浆原料在纤维素凝胶球制备中的应用可以进一步降低原料成本,使得纤维素凝胶球衍生品的开发更加容易、应用更加广泛。

第4章 海藻酸钠/竹纤维纤维素 复合水凝胶球的制备及 阳离子染料吸附性能

4.1 概　　述

随着工业技术的进步,大量的有机合成染料被用于纺织和印染工业。但是,有机合成染料中存在复杂的芳香结构,很难被生物所降解。含有染料的废水排放到环境中,不仅破坏了水环境,也极大地威胁到人类的健康。据调查,从事纺织印染行业的工人有着很高的膀胱癌患病率,乳腺癌与染发剂的使用也存在明显的正相关性。因此,从废水中去除有机合成染料对环境保护和人类健康有着重要的意义。去除水中的有机合成染料的方法主要分为两种:一种是光催化降解,另一种是吸附去除。前者往往需要额外的光源,而且分散在水中的粉体催化剂很难回收;后者是去除有机合成染料最为重要的手段,但是合成高分子吸附剂在废弃后往往会导致对环境的二次污染。如今,很多生物质材料被用于有机污染物的去除,例如壳聚糖、纤维素和海藻酸钠。这些材料具有良好的生物相容性、可再生性和可降解性。其中,海藻酸钠是广泛存在于褐藻细胞壁中的一种阴离子多糖,在食品和药品领域有着广泛的应用。虽然其羧基对阳离子染料的有着较大的吸附潜力,但其极强的吸水性和在水中的溶解性使其不能成为一种稳定的吸附剂。本章在前文纤维素凝胶球制备的研究基础上,尝试利用 pH 值反转的滴液－悬浮凝胶法制备海藻酸钠/竹纤维纤维素复合水凝胶球,对复合水凝胶球的微观形貌、孔隙结构等进行分析,同时较为系统地研究了海藻酸钠/纤维素复合水凝胶球的阳离子染料吸附性能以及重复使用性。

4.2 实 验

4.2.1 实验材料

海藻酸钠,黏度 1.05 ~ 1.15 Pa·s,购自天津市光复精细化工研究所;亚甲基蓝、金胺 O 和罗丹明 6G,分析纯,购自阿拉丁试剂;竹纤维以及其他试剂参见 2.2.1 节。

4.2.2 海藻酸钠/竹纤维纤维素复合水凝胶球的制备

复合水凝胶球的制备采用基于 pH 值反转的滴液 – 悬浮凝胶法,具体过程如下。将 14 g NaOH、24 g 尿素、140 g 蒸馏水和 4 g 竹纤维在 – 12 ℃下冷冻 24 h,然后在室温下搅拌溶解并加水定容到 200 mL,得到质量浓度为 20 mg/mL 的透明纤维素溶液(Ⅰ)。将 4 g 海藻酸钠、14 g NaOH 和 150 mL 蒸馏水在 40 ℃下搅拌溶解后定容到 200 mL,得到质量浓度为 20 mg/mL 的海藻酸钠溶液(Ⅱ)。然后,将溶液Ⅰ溶液和Ⅱ按照体积比 1:3、1:1 和 3:1 的比例混合搅拌均匀,真空脱泡 10 min 后用 2 mL 一次性滴管将其逐滴加入用三氯甲烷、乙酸乙酯和乙酸配制成的酸性凝固浴中,固化 10 min 后取出并用流动的去离子水冲洗浸泡至中性,将所得的海藻酸钠/竹纤维纤维素复合水凝胶球(cellulose/alginate bead)样品依次记为 CAB – 25、CAB – 50 和 CAB – 75。直接用溶液Ⅰ制备的纤维素水凝胶球作为参照样品记为 CAB – 100。

4.2.3 样品表征

水凝胶球经溶剂置换和冷冻干燥后,参见 2.2.3 节和 3.2.4 节对相应气凝胶球样品进行 SEM 表征、红外表征和孔隙结构表征。

水凝胶球固含量测定:水凝胶球在去离子水中充分浸泡 24 h 到达溶胀平衡,取 5 g 该水凝胶球样品,用滤纸除去表面残留水后精确称量其质量,记为 m_0。将该水凝胶球样品置于 80 ℃真空干燥箱中 24 h 直至质量不变,此质量记为 m_1。通过式(4 – 1)计算出单位固含量样品质量(干重)对应的水凝胶球质量(湿重)S(单位 g 水凝胶/g 干凝胶):

$$S = \frac{m_0}{m_1} \qquad (4-1)$$

4.2.4　吸附性能表征

1. 对不同染料的吸附性能测试

分别配制亚甲基蓝、金胺 O 和罗丹明 6G(染料分子结构如图 4 - 1 所示)水溶液,质量浓度均为 50 mg/L(pH 值未进行调控),将对应干重为 0.1 g 的水凝胶球样品(根据测定出的 S 的值计算出对应的 CAB - 100、CAB - 75 和 CAB - 50 的湿重分别为 3.64 g、3.02 g 和 3.16 g)分别置于装有上述 100 mL 染料水溶液的 250 mL 具塞锥形瓶中,放入摇床中在 298 K 的温度下以 150 r/min 震荡转速吸附 5 h 后,使用北京普析通用仪器有限公司的 TU - 1901 紫外可见分光光度计测定其吸附前后浓度变化,根据式(4 - 2)和式(4 - 3)算出吸附量 q_e(单位 mg/g)和去除率 R:

$$q_e = \frac{(c_0 - c_e) \cdot V}{m} \tag{4 - 2}$$

$$R = \frac{(c_0 - c_e)}{c_0} \times 100\% \tag{4 - 3}$$

式中　c_0——染料初始浓度,mg/L;

　　　c_e——吸附平衡浓度,mg/L;

　　　V——染料水溶液的体积,L;

　　　m——加入的水凝胶球所对应的干重,g。

2. 不同 pH 值条件下吸附能力测试

取干重为 0.1 g 的 CAB - 50 置于一定 pH 值的 100 mL 亚甲基蓝水溶液中,染料水溶液质量浓度为 50 mg/L,在 298 K 下吸附 5 h 后,根据吸附前后染料水溶液的浓度变化计算出吸附量,这里 pH 值用 1 mol/L 的 HCl 水溶液和 1 mol/L 的 NaOH 水溶液进行调节,考虑到海藻酸钠在碱性条件下的溶解性,仅测定 pH 值为 1～7 时的吸附量。

3. 不同浓度和时间条件下吸附能力测试

取干重为 0.1 g 的 CAB - 50 置于一定浓度的 100 mL 亚甲基蓝水溶液中,在 298 K 下进行吸附,每隔一段时间后测定其溶液浓度求出吸附量,这里对浓度为 25 mg/L、50 mg/L、75 mg/L、100 mg/L 和 125 mg/L 的亚甲基蓝水溶液进行吸附。

4. 吸附 - 脱附重用性测试

用 3.16 g 的 CAB - 50(干重为 0.1 g)对 100 mL 质量浓度为 50 mg/L 的亚甲基蓝水溶液在 298 K 下进行吸附 5 h,除去染料水溶液后将吸附后的 CAB - 50 用 20 mL 1 mol/L 的 HCl 水溶液进行脱附 3 h,然后再将其置于 100 mL 相同浓度的亚甲基蓝水溶液中再次进行吸附,重复 5 次吸附 - 脱附,得到每次的吸附量变化比 q_n/q_1,其中,q_1 为第 1 次的吸附量,q_n 为第 n 次的吸附量,$n = 1,2,3,4,5$。

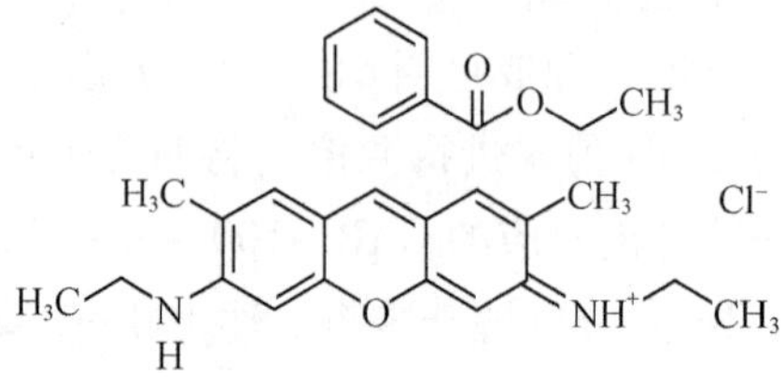

(a)

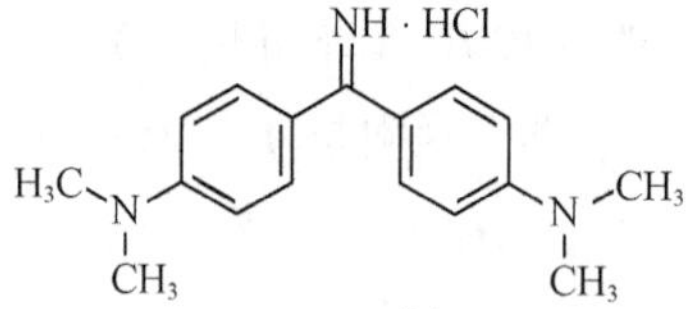

(b)

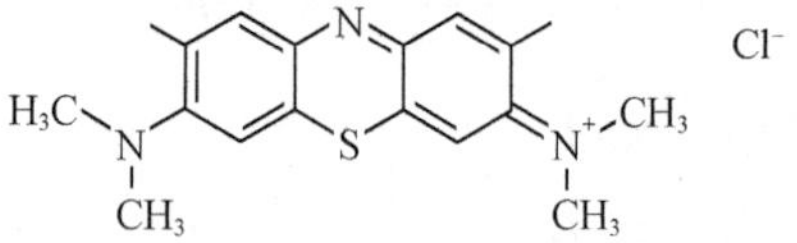

(c)

图 4 - 1　染料分子结构
(a)罗丹明 6G;(b)金胺 O;(c)亚甲基蓝

4.3　实验结果与分析

4.3.1　宏观形态和微观形貌分析

图 4 - 2 为 CAB - 100、CAB - 75、CAB - 50 和 CAB - 25 对应的气凝胶内部 SEM 图和宏观照片。可以看出,当复合水凝胶样品原料中海藻酸钠溶液体积所占 比例小于 50% 时,样品可以保持较为均一稳定的球形结构;当复合水凝胶样品原 料中海藻酸钠溶液体积所占比例大于 75% 时,样品的稳定性下降,在洗涤过程中 就严重破碎,其中,CAB - 100 的直径为 3 mm 左右,CAB - 75 和 CAB - 50 的直径为 2.5 mm。从 SEM 图中可以看出,这些凝胶样品都具有丰富的多孔结构,其中, CAB - 100、CAB - 75 和 CAB - 50 表现为链状交叉的三维网络结构,而 CAB - 25 表 现为颗粒堆积的多孔结构,由此可以推断出纤维素分子在复合水凝胶体系中起到

了骨架支撑作用,提高了水凝胶的结构稳定性,同时纤维素分子与海藻酸钠共聚集形成的网络也增强了海藻酸钠的分散性。

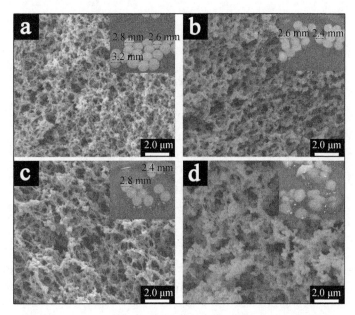

图4-2　CAB-100、CAB-75、CAB-50 和 CAB-25 对应的
气凝胶内部 SEM 图和宏观照片
(a)CAB-100;(b)CAB-75;(c)CAB-50;(d)CAB-25

4.3.2　红外光谱分析

图4-3为海藻酸钠原料、CAB-25、CAB-50、CAB-75 和 CAB-100 的红外光谱图,可以发现海藻酸钠和纤维素的复合主要是通过氢键和分子间作用力结合在一起,没有发生明显的化学反应。其中,3 300~3 500 cm^{-1}为—OH 的伸缩振动吸收峰,2 700~2 900 cm^{-1}为—CH$_2$的伸缩振动吸收峰,1 647 cm^{-1}为 C—O—H 中 C—O 的伸缩振动吸收峰,1 024 cm^{-1}为脱水吡喃环中 C—O—C 的伸缩振动吸收峰。这些吸收峰在纤维素和海藻酸钠中都存在且差异不大。1 370 cm^{-1}为纤维素中伯羟基的弯曲振动吸收峰,随着纤维素含量的减少,此峰也逐渐变弱;1 410 cm^{-1}为海藻酸钠中羧基 O—C—O 的对称伸缩振动对 C—OH 变形振动的贡献所产生的吸收峰,此峰随着海藻酸钠的增加而逐渐增强;1 600 cm^{-1}为羧酸盐的特征吸收峰,表明在各凝胶样品中羧基以钠盐的形式存在,峰强度也随着样品中海藻酸钠含量的增加而增加;898 cm^{-1}是苷键的变形振动吸收峰,它仅在Ⅱ型纤维素中表现出

来,表明凝胶样品中纤维素以Ⅱ型纤维素的形式存在。

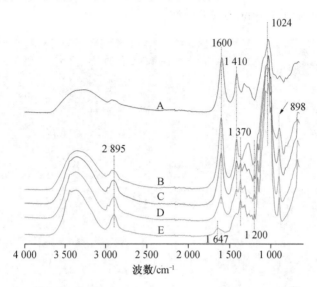

图4-3 海藻酸钠原料、CAB-25、CAB-50、CAB-75和CAB-100的红外光谱图
A—海藻酸钠;B—CAB-25;C—CAB-50;D—CAB-75;E—CAB-100

4.3.3 孔隙结构分析

图4-4(a)和图4-4(b)分别为CAB-100、CAB-75和CAB-50的N_2吸附-脱附等温线和孔径分布图。考虑到CAB-25易碎裂的缺陷,它不易回收重用,所以在本部分和阳离子染料吸附性能分析中对其不予考虑。由IUPAC的规定和图4-4(a)可知,3种样品N_2吸附-脱附等温线都为Ⅳ型,且都具有H1型滞留环,同时可以发现滞留环形成在较大P/P_0的位置,因此,可以推测该材料具有丰富的中孔和大孔。与纤维素水凝胶球(CAB-100)的N_2吸附量相比,海藻酸钠/竹纤维纤维素复合水凝胶球(CAB-50和CAB-75)的N_2吸附量明显较大。由表4-1提供的孔隙结构特征数据可以看出CAB-75和CAB-50的比表面积分别为321 m^2/g和300 m^2/g,中孔体积分别为1.303 cm^3/g和1.403 cm^3/g,较CAB-100都有着明显的提高。以上内容说明将海藻酸钠引入到纤维素水凝胶中不仅使其具有了可吸附阳离子的羧基官能团,还使它的可吸附表面积和孔体积得到了增大。从图4-4(b)中可以看出,CAB-100、CAB-75和CAB-50的孔隙分布变化不大,都呈现单一的分布区域,平均孔径分别为21.22 nm、15.22 nm和17.42 nm。

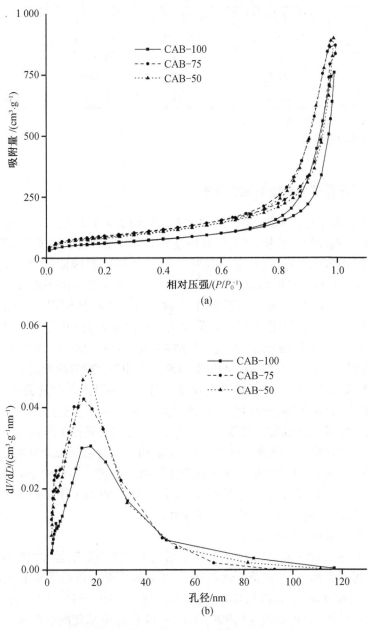

图 4 – 4　CAB – 100、CAB – 75 和 CAB – 50 的
N$_2$ 吸附 – 脱附等温线和孔径分布图

（a）N$_2$ 吸附 – 脱附等温线；（b）孔径分布图

表4-1 样品的孔隙结构特征

样品	BET 比表面积 /(m² · g⁻¹)	BJH 吸附平均孔径/nm	微孔体积① /(cm³ · g⁻¹)	中孔体积② /(cm³ · g⁻¹)
CAB-100	215.1	21.22	0.005 7	1.183
CAB-75	321.0	15.22	0.006 8	1.303
CAB-50	300.0	17.42	0.005 2	1.403

①根据 N_2 吸附 t-plot 曲线拟合确定。

②根据 N_2 吸附测量确定。

4.3.4 阳离子染料吸附性能分析

从以上分析中可以看出,将一定量的海藻酸钠引入到纤维素凝胶中不仅改善了原始纤维素凝胶的多孔性,还将带有较强负电荷的羧基引入到了纤维素凝胶中。根据复合水凝胶的以上特性,进行其对 3 种阳离子染料吸附性能的初步测试。图 4-5 给出了 CAB-100、CAB-75 和 CAB-50 对 3 种染料的吸附量变化图和颜色变化图。从图 4-5(b)中可以看出,这 3 种水凝胶在吸附不同阳离子染料 5 h 后颜色都有所加深,并且随着样品中海藻酸钠含量的增加这种颜色变化越加明显。图 4-5(a)给出了具体的吸附量变化。从图 4-5(a)中可以看出 CAB-50 对亚甲基蓝的吸附量最高,为 44.50 mg/g,而 CAB-100 对亚甲基蓝的吸附量仅为 6.86 mg/g,这证明了海藻酸钠的引入对纤维素凝胶球阳离子染料吸附性能的提升。同时,对于不同染料,同种吸附剂的吸附量也有较大差别,对于本章实验选用的 3 种阳离子染料而言,亚甲基蓝被吸附的视觉效果较为明显,这主要受控于染料分子的空间位阻(见图 4-1)和染料水溶液的自身的 pH 值。由于复合水凝胶球对亚甲基蓝染料较高的吸附量,因此,下文将以亚甲基蓝为模型吸附物进一步讨论 pH 值对吸附量的影响,染料浓度和吸附时间对吸附量的影响,CAB-50 对亚甲基蓝吸附的等温吸附模型、吸附动力学模型,以及吸附剂重用性。

1. pH 值对吸附量的影响

图 4-6 为 CAB-50 在 50 mg/L 亚甲基蓝水溶液中吸附量和去除率随 pH 值变化曲线,可以看出,在测试范围内 CAB-50 对亚甲基蓝的吸附量和去除率都随着 pH 值的升高而增加,在初始溶液的 pH 值条件下 CAB-50 对亚甲基蓝的吸附量和去除率分别为 44.50 mg/g 和 89%。CAB-50 对亚甲基蓝的吸附量和去除率随 pH 值变化主要是由溶液中的 H^+ 与阳离子染料之间的吸附竞争导致的,过多的 H^+ 占据了吸附剂表面的—COO^- 位点导致其表面电负性降低,削弱了吸附剂与阳离子染料之间的静电吸引。考虑到海藻酸钠的碱性不稳定性,该吸附剂在中性或

弱碱性环境下使用较为适宜。

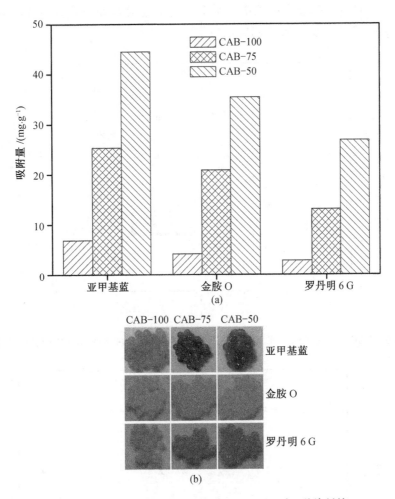

图 4 – 5　CAB – 100、CAB – 75 和 CAB – 50 对 3 种染料的
吸附量变化图和颜色变化图

（a）吸附量变化图；（b）颜色变化图

2. 染料浓度和吸附时间对吸附量的影响

图 4 – 7 为 CAB – 50 对亚甲基蓝的吸附量随亚甲基蓝水溶液初始质量浓度和时间变化曲线，可以看出在不同亚甲基蓝水溶液初始质量浓度下，CAB – 50 均在 4 h 左右达到吸附平衡，在吸附平衡以前 CAB – 50 对亚甲基蓝的吸附量随着时间的增加而增大，并且随着亚甲基蓝水溶液初始质量浓度的增加，CAB – 50 对亚甲基蓝

的平衡吸附量也增加,其在初始质量浓度为 25 mg/L、50 mg/L、75 mg/L、100 mg/L 和 125 mg/L 的亚甲基蓝水溶液中的平衡吸附量分别为 23.84 mg/g、44.50 mg/g、63.19 mg/g、82.24 mg/g 和 97.21 mg/g。

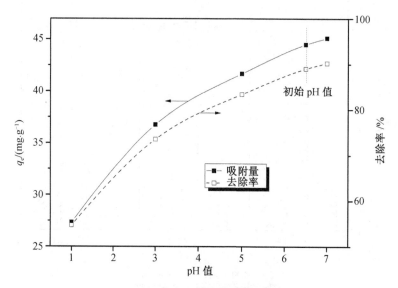

图 4-6　CAB-50 在 50 mg/L 亚甲基蓝水溶液中吸附量和去除率随 pH 值变化曲线

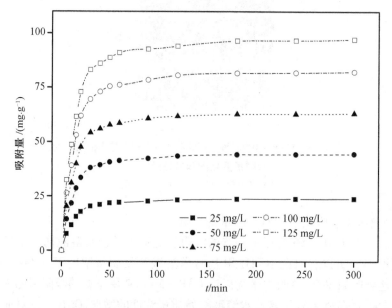

图 4-7　CAB-50 对亚甲基蓝的吸附量随亚甲基蓝水溶液初始质量浓度和时间变化曲线

3. 等温吸附模型

Langmuir 等温吸附模型被广泛用于对吸附过程的研究,该等温吸附模型适用于单分子层吸附,要求吸附剂表面均匀并且每个吸附位点有着相同的吸附能,被吸附物之间没有作用力,通常适用于低浓度底物的吸附过程。

$$\frac{c_e}{q_e} = \frac{1}{k_L q_{max}} + \frac{c_e}{q_{max}} \tag{4-4}$$

式中 q_e——吸附平衡时吸附剂的吸附量,mg/g;

c_e——吸附平衡时溶液的质量浓度,mg/L;

q_{max}——达到饱和时吸附剂的最大吸附量,mg/g;

k_L——Langmuir 常数。

Freundlich 等温吸附模型是半经验模型,被广泛用于对多相表面的多分子层的吸附过程的研究,其方程如式(4-5)所示。

$$\ln q_e = \ln K_F + \frac{1}{n} \ln(c_e) \tag{4-5}$$

式中 K_F——Freundlich 吸附系数;

$1/n$——Freundlich 常数,反映吸附过程的吸附强度,一般认为 $1/n$ 小于 1 为易于吸附。

将得到的实验数据分别采用 Langmuir 等温吸附模型和 Freundlich 等温吸附模型对 $c_e/q_e \sim c_e$ 和 $\ln q_e \sim \ln c_e$ 进行线性拟合,得到两者的参数,见表 4-2。

表 4-2 CAB-50 吸附亚甲基蓝的等温吸附模型参数

Langmuir 等温吸附模型			Freundlich 等温吸附模型		
k_L	q_{max}	r_{12}	K_F	$1/n$	r_{22}
0.131	118.62	0.938	21.72	0.447	0.993

由表 4-2 中的数据可以发现 CAB-50 对亚甲基蓝的吸附过程较好地符合 Freundlich 等温吸附模型,其 r^2 值为 0.993,接近 1,远高于 Langmuir 等温吸附模型的 r^2 值,表明 CAB-50 对亚甲基蓝的吸附过程为非均匀的多分子层吸附过程。此外,得到的 $1/n$ 值小于 1 说明该吸附过程很容易进行。

4. 吸附动力学模型

运用准一级动力学方程(pesudo-first-order kinetic equation)、准二级动力学方程(pesudo-second-order kinetic equation)和内扩散方程(intraparticle diffusion equation)对 CAB-50 的吸附动力学过程进行讨论。准一级动力学方程适用于低

浓度溶质的扩散吸附过程,反映了吸附速率;准二级动力学方程适用于吸附速率受化学吸附机理控制的吸附过程;内扩散方程适用于描述多个扩散机制控制的吸附过程,它可以用于确定粒子扩散机理和分析控速步骤。

准一级动力学方程:

$$\ln(q_e - q_t) = \ln q_e - K_1 t \qquad (4-6)$$

准二级动力学方程:

$$\frac{t}{q_t} = \frac{1}{K_2 q_e^2} + \frac{t}{q_e} \qquad (4-7)$$

内扩散方程:

$$q_t = K_p t^{1/2} + C \qquad (4-8)$$

式中　　q_e——吸附平衡时刻的吸附量,mg/g;

　　　　q_t——t 时刻的吸附量,mg/g;

　　　　K_1 和 K_2——准一级和准二级吸附速率常数;

　　　　K_p——粒子扩散速率常数。

使用得到的实验数据分别采用准一级动力学方程和准二级动力学方程对 $\ln(q_e - q_t) \sim t$ 和 $t/q_t \sim t$ 进行线性拟合,得到两者的模型参数和拟合曲线,见图 4-8和表 4-3。采用内扩散方程对 $q_t \sim t^{1/2}$ 作图,再进行分段线性拟合,得到图4-9。

表 4-3　CAB-50 吸附亚甲基蓝的动力学模型参数

c /(mg·L^{-1})	准一级			准二级		
	K_1 /(10^{-3}min^{-1})	q_e /(mg·g^{-1})	r_{12}	K_2/(10^{-3}g· mg^{-1}·min^{-1})	q_e /(mg·g^{-1})	r_{22}
25	20.91	8.78	0.92	5.15	24.58	0.99
50	20.20	15.99	0.91	2.75	45.87	0.99
75	20.78	22.71	0.91	1.95	65.19	0.99
100	21.52	29.81	0.91	1.47	84.82	0.99
125	19.87	34.96	0.92	1.27	100.10	1

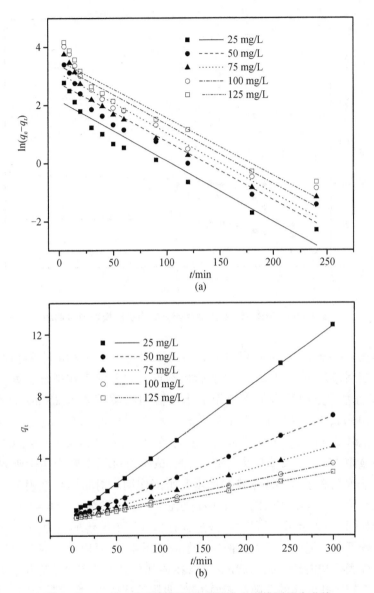

图 4 - 8　CAB - 50 吸附亚甲基蓝的动力学模型拟合曲线

（a）准一级；（b）准二级

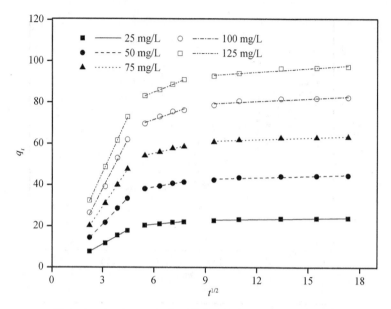

图 4 – 9　CAB – 50 吸附亚甲基蓝的内扩散模型拟合曲线

根据表 4 – 3 和图 4 – 8 可以看出 CAB – 50 对亚甲基蓝的吸附较好地符合准二级动力学模型,其 r^2 值大于 0. 99 且实验数据点基本上都落在拟合直线上。此外,由准二级动力学方程得到的在亚甲蓝水溶液初始质量浓度 25 mg/L、50 mg/L、75 mg/L、100 mg/L 和 125 mg/L 下的平衡吸附量分别为 24. 58 mg/g、45. 87 mg/g、65. 19 mg/g、84. 82 mg/g 和 100. 10 mg/g,与实验值 23. 84 mg/g、44. 50 mg/g、63. 19 mg/g、82. 24 mg/g 和 97. 21 mg/g 较为接近,因此,该吸附过程主要为化学吸附过程,即 CAB – 50 表面阴离子与阳离子染料的电荷吸附作用。对于内扩散模型,当拟合直线的截距 C 为 0 时表明该吸附过程主要受控于粒子内扩散。CAB – 50 吸附亚甲基蓝的过程如图 4 – 9 所示,可以发现该过程有超过一个的传输阻力,并且 C 不为 0,表明该过程不是单纯受粒子内扩散所控制的。图 4 – 9 可以细分成 3 个扩散区域:首先是由外表面和内部大孔引起的扩散,在该部分斜率 k 较大,吸附速率较快;然后是由内部较小孔引起的孔隙内表面扩散,吸附速率较慢;最后是吸附达到平衡时吸附量不再发生变化,这也与 CAB – 50 的多孔性结构一致。

以上等温吸附模型和吸附动力学模型分析结果进一步表明,滴液 – 悬浮凝胶法制备的海藻酸钠/竹纤维纤维素复合水凝胶球在纤维素凝胶基体中引入的羧基和凝胶自身丰富的孔隙结构,对阳离子染料吸附过程中的吸附驱动力和吸附表面方面产生了积极的作用。

5. 重用性分析

图 4 - 10 为 CAB - 50 对亚甲基蓝的的吸附 - 脱附图以及吸附 - 脱附量变化曲线,可以看出吸附剂通过在 1 mol/L 的 HCl 溶液中浸泡来去除被吸附的染料离子,并且该脱附过程在 10 ~ 15 min 内完成。将脱附后的吸附剂再次用于亚甲基蓝的吸附,5 次循环后吸附量仍然能保持初始值的 81%,因此,CAB - 50 作为吸附剂有着较好的重用性。

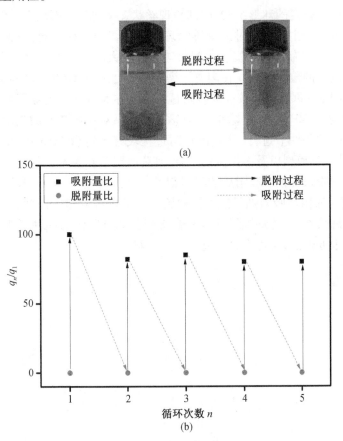

图 4 - 10　CAB - 50 对亚甲基蓝的吸附 - 脱附图以及
吸附 - 脱附量变化曲线

(a)吸附 - 脱附图;(b)吸附 - 脱附量变化曲线

4.4 小 结

本章将 pH 值反转的滴液 – 悬浮凝胶法应用于纤维素复合水凝胶球的制备,通过纤维素分子与海藻酸钠分子的自由聚集成功地制备出了海藻酸钠/竹纤维纤维素复合水凝胶球。在原料中海藻酸钠溶液体积所占比例小于等于 50% 时复合水凝胶能够保持稳定的球形结构,内部呈现丝状交叉的三维网络多孔结构;海藻酸钠与纤维素的复合主要是通过氢键等物理作用聚集结合在一起;原料中海藻酸钠溶液体积所占比例为 50% 的复合水凝胶球具有较大的比表面积和中孔体积,同时又有着相对较高的羧基含量。在阳离子染料吸附处理中,CAB – 50 对亚甲基蓝、罗丹明 6G 和金胺 O 都表现出较高的吸附量,其中,在 50 mg/L 的亚甲基蓝水溶液中它的吸附量为44.50 mg/g,去除率为 89%。该样品对亚甲基蓝的吸附适合在溶液为中性或弱碱性条件下进行,并且该吸附过程较好地符合 Freundlich 等温吸附模型、准二级动力学模型以及内扩散模型,即其为吸附剂和吸附物的电子共用和转移所决定的化学吸附过程。吸附后的吸附剂可以通过浸泡 1 mol/L HCl 溶液进行脱附,5 次吸附 – 脱附后吸附剂仍能保持初始值 81% 的吸附量。因此,滴液 – 悬浮凝胶法制备的海藻酸钠/竹纤维纤维素复合水凝胶球可以作为一种可重复使用的阳离子染料废水处理剂,也可作为分离色谱的填料。

第 5 章　甲壳素/竹纤维纤维素复合水凝胶球的制备及 Pb^{2+} 吸附性能

5.1　概　　述

重金属离子溶液在电镀、染料制造和表面处理等领域有着极为广泛的应用。然而绝大部分重金属离子都有着极强的毒性和致癌性,对人类和动植物的生存有着极大的危害。因此,水环境中重金属离子的去除有着重要的研究意义。目前水体系中的重金属离子可以通过化学沉积、离子交换、吸附和反渗透等手段进行回收和去除。与其他方式相比,吸附是一种相对高效和适用范围广泛的方法。在重金属离子吸附剂的研究中,选择来源广泛、无毒和可降解的天然高分材料可以更好地减小吸附剂加工和处理过程对环境造成的影响,并且可以极大地降低原料成本。甲壳素和壳聚糖是两种很好的天然重金属离子吸附材料,都可以作为配体与重金属离子形成稳定的金属配合物。一般来说,壳聚糖对重金属离子的吸附能力要优于甲壳素,但是甲壳素对于 Fe^{3+} 和 Pb^{2+} 等的吸附能力较壳聚糖要强,并且甲壳素在弱酸中的稳定性比壳聚糖要高,有利于吸附剂的回收和重用。甲壳素在弱酸性溶液中的稳定性也使其可在酸性条件下进行脱附,不需要使用 EDTA 等较为昂贵的络合试剂进行脱附。此外,甲壳素是第二大天然高分子聚合物,来源相对广泛和便捷,与壳聚糖相比不需要进行脱乙酰化,加工成本也相对较低。考虑到传统粉体甲壳素不利于回收,并且其自身较为缺乏吸附表面和孔隙。因此,本章在纤维素凝胶球研究的基础上,利用溶解和凝胶过程来改善甲壳素的微观形态,使其具有更大的可吸附表面,制备出了甲壳素/竹纤维纤维素复合水凝胶球,并将其用于水体系中 Pb^{2+} 的吸附和回收。

5.2 实　　验

5.2.1　实验材料

甲壳素,化学纯,购自麦克林试剂;Pb(NO₃)₂,分析纯,购自阿拉丁试剂;竹纤维以及其他试剂参见2.2.1节。

5.2.2　甲壳素/竹纤维纤维素复合水凝胶球的制备

甲壳素/竹纤维纤维素复合水凝胶球的制备采用 pH 值反转的滴液－悬浮凝胶法,具体过程如下。200 mL 质量浓度为 20 mg/mL 的纤维素溶液(溶液Ⅰ)的配制参见4.2.2节。将4 g 甲壳素、16 g NaOH、8 g 尿素和170 mL 去离子水在－20 ℃冷冻 12 h 后在室温下高速搅拌解冻,接着重复冻融循环 2 次后加水定容到200 mL,得到质量浓度为 20 mg/mL 的甲壳素溶液(溶液Ⅱ)。将溶液Ⅰ和溶液Ⅱ按照体积比 1∶3、1∶1 和 3∶1 的比例混合搅拌均匀,真空脱泡后用 2 mL 一次性滴管将其逐滴加入到用三氯甲烷、乙酸乙酯和乙酸配制成的酸性凝固浴中,固化 10 min后取出并用流动的去离子水冲洗浸泡至中性,将所得的甲壳素/竹纤维纤维素复合水凝胶球(cellulose/chitin bead)样品依次记为 CCB－25、CCB－50 和 CCB－75。直接用溶液Ⅰ制备的纤维素水凝胶球作为参照样品记为 CCB－100。

5.2.3　样品表征

水凝胶样品经溶剂置换和冷冻干燥后参见2.2.3节和3.2.4节对相应气凝胶进行 SEM 表征、红外表征和 BET 表征。水凝胶固含量的测定参见4.2.3节。

5.2.4　Pb²⁺ 吸附性能表征

取一定浓度的 100 mL Pb²⁺ 溶液置于 250 mL 锥形瓶中,使用 1 mol/L 的 HCl和 1 mol/L 的 NaOH 调节 pH 值到一定数值,然后加入一定量样品进行吸附测试。使用北京普析通用仪器有限公司的 TAS－990 原子吸收分光光度计测定吸附过程中吸光度的变化,根据式(4－2)计算得到相应的吸附量,并以此讨论甲壳素含量、溶液 pH 值、被吸附物浓度和吸附时间对吸附量的影响,进而得到样品对 Pb²⁺ 的等温吸附模型和吸附动力学模型。

吸附－脱附重用性测试:用一定质量的样品对 Pb²⁺ 水溶液在 298 K 下吸附5 h,然后将吸附剂置于 20 mL 1 mol/L 的 HCl 水溶液中进行脱附,接着将脱附后的样品置于相同浓度的 Pb^{2+} 溶液中再进行吸附,重复该过程 5 次得到每次的吸附量变化比 q_n/q_1。

5.3　实验结果与分析

5.3.1　宏观形态和微观形貌分析

图 5 - 1 和图 5 - 2 展示了 CCB - 100、CCB - 75、CCB - 50 和 CCB - 25 的宏观照片和 SEM 图,从图中可以看出在复合水凝胶样品原料中甲壳素溶液体积所占比例小于等于50%时产品表现出较为均一稳定的球形形态,而 CCB - 25 的形态稳定性较差,出现了一定程度的畸变和碎裂,当采用纯的甲壳素溶液直接制备凝胶球时,如图 5 - 1(e)所示,甲壳素溶液在凝固浴中发生严重的液滴与液滴之间的碰撞聚集,并且在实验时间内无法形成牢固的凝胶。其中,CCB - 75 和 CCB - 100 的直径相近,约为 3 mm,而 CCB - 50 和 CCB - 25 的直径略有膨大,约为 3.4 mm。从 SEM 图(如图 5 - 2 所示)中也可以发现 CCB - 25 表面空洞较多且分布较密集,这也是导致 CCB - 25 强度较低和存在形变的原因。从整体上看,无论是纯纤维素水凝胶 CCB - 100 还是复合水凝胶样品都呈现核壳结构,即表面密集有孔而内部网状交叉的三维网络结构,且这种内部网络结构占主导地位,因此,可以初步推断出这几种复合水凝胶样品都还保留了纤维素水凝胶的网络多孔性。

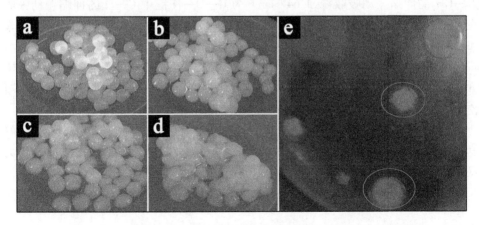

**图 5 - 1　CCB - 100、CCB - 75、CCB - 50 和 CCB - 25 的宏观照片和
凝固浴中的甲壳素溶液的照片**

(a)CCB - 100;(b)CCB - 75;(c)CCB - 50;(d)CCB - 25;(e)凝固浴中的甲壳素溶液

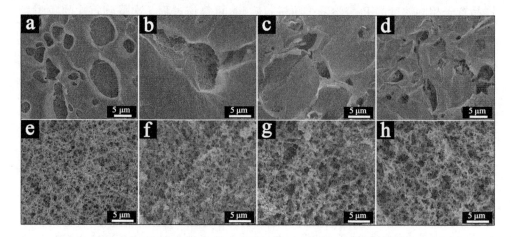

图 5 - 2　CCB - 100、CCB - 75、CCB - 50 和 CCB - 25 表面和内部的 SEM 图
(a)CCB - 100 表面;(b)CCB - 75 表面;(c)CCB - 50 表面;(d)CCB - 25 表面;
(e)CCB - 100 内部;(f)CCB - 75 内部;(g)CCB - 50 内部;(h)CCB - 25 内部

5.3.2　红外分析

图 5 - 3 为 CCB - 100、CCB - 75、CCB - 50、CCB - 25 和甲壳素的红外光谱图。可以看出 3 300 ~ 3 500 cm^{-1} 为—OH 的伸缩振动吸收峰,2 700 cm^{-1} ~ 2 900 cm^{-1} 为—CH$_2$ 的伸缩振动吸收峰,1 647 cm^{-1} 为 C—O—H 键中 C—O 的伸缩振动吸收峰,1 024 cm^{-1} 为脱水吡喃环中 C—O—C 的伸缩振动吸收峰,这些吸收峰在纤维素和甲壳素中都存在并且只有强度略有差异。1 556 cm^{-1} 为甲壳素中—NH(δ_{NH},amide Ⅱ)的弯曲振动吸收峰,1 658 cm^{-1} 和 1 620 cm^{-1} 为甲壳素中 C ═ O (ν_C ═ O,amide I)的伸缩振动吸收峰,这些吸收峰都仅在甲壳素原料和复合水凝胶中出现,并随着甲壳素含量的增大而逐渐增强。虽然纤维素水凝胶在 1 640 cm^{-1} 处存在结合水吸收峰,但是该峰值较小,不足以补偿在该位置复合水凝胶中 C ═ O 峰值的强度,说明在复合水凝胶中甲壳素与纤维素主要是通过氢键和分子间作用力聚集在一起的,没有发生明显的化学反应。

5.3.3　孔隙结构分析

图 5 - 4 为 CCB - 100、CCB - 75 和 CCB - 50 的 N$_2$ 吸附 - 脱附等温线和孔径分布图,考虑到 CCB - 25 形态不稳定容易破碎,因此,在本部分和吸附性能分析中对其不予考虑,根据 IUPAC 的规定和图5 - 4(a)可知,3 种样品的 N$_2$ 吸附 - 脱附等温线都为Ⅳ型,且具有 H1 型滞留环,同时可以发现滞留环形成在较大 P/P_0 的位置,

因此,可以推测该材料具有丰富的中孔和大孔,与纤维素水凝胶球(CCB - 100)的 N$_2$ 吸附量相比,甲壳素/竹纤维纤维素复合水凝胶球(CCB - 75 和 CCB - 50)的 N$_2$ 吸附量明显较大。由表 5 - 1 可以看出 CCB - 75 和 CCB - 50 的比表面积分别为 339.4 m^2/g 和 328.1 m^2/g,中孔体积分别为 1.360 m^2/g 和 1.642 cm^3/g,较 CCB - 100 都有着明显的提高。以上内容说明将甲壳素引入到纤维素水凝胶中不仅使其具有了甲壳素的乙酰胺结构,还使它保留了原有的多孔性,并且在一定程度上增大了它的可吸附表面积和孔体积。从图 5 - 4(b)中可以看出,CCB - 100、CCB - 75 和 CCB - 50 的孔隙分布变化不大,主要呈现一个较大的分布区域,平均孔径分别为 21.22 nm、15.38 nm 和 18.80 nm。

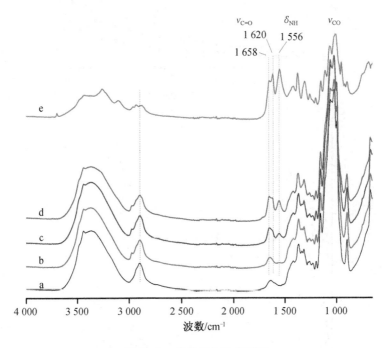

图 5 - 3　样品的红外光谱图

a—CCB - 100;b—CCB - 75;c—CCB - 50;d—CCB - 25;e—甲壳素

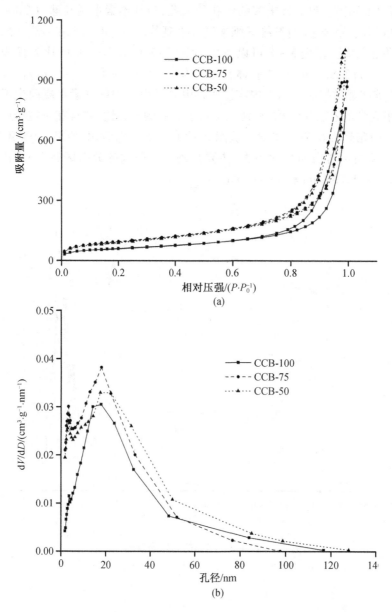

图 5 – 4   CCB – 100、CCB – 75 和 CCB – 50 的 N₂吸附 – 脱附等温线和孔径分布图

（a）N₂ 吸附 – 脱附等温线；（b）孔径分布图

表 5 - 1　样品的孔隙结构特征

样品	BET 比表面积 /($m^2 \cdot g^{-1}$)	BJH 吸附平均孔径/nm	微孔体积① /($cm^3 \cdot g^{-1}$)	中孔体积② ($cm^3 \cdot g^{-1}$)
CCB - 100	215.1	21.22	0.005 7	1.183
CCB - 75	339.4	15.38	0.007 8	1.360
CCB - 50	328.1	18.80	0.002 4	1.642

①根据 N_2 吸附 t - plot 曲线拟合确定。

②根据 N_2 吸附测量确定。

5.3.4　重金属离子吸附性能分析

图 5 - 5 为 CCB - 100、CCB - 75、CCB - 50 和 CCB - 25 在 100 mL 的 1 mmol/L Pb²⁺溶液中(在 pH 值为 5 条件下)对 Pb²⁺吸附量变化图,可以看出几种水凝胶球对 Pb²⁺都有着一定的吸附能力,而含有甲壳素的样品对 Pb²⁺的吸附量明显更大,CCB - 50 和 CCB - 25 的吸附量分别为 0.712 mmol/g 和 0.845 mmol/g,而 CCB - 100 仅有0.015 mmol/g的吸附量,这种差别主要是由甲壳素中乙酰胺络合基团的引入和凝胶网络结构的改善导致的。考虑到 CCB - 50 相对较高的甲壳素含量和较为丰富的孔隙结构,以及其在初始实验中较高的 Pb²⁺吸附量,下面将着重讨论 CCB - 50 对 Pb²⁺的等温吸附模型、吸附动力学模型以及吸附剂重用性。

1. 溶液 pH 值对吸附量的影响

图 5 - 6 为 CCB - 50 在 1 mmol/L Pb²⁺溶液中对 Pb²⁺的吸附量随 pH 值变化曲线,可以看出在测试范围内 CCB - 50 对 Pb²⁺的吸附量随着 pH 值的升高先快速增加然后略有降低,在 pH 值约为 5 时吸附量达到最大值,为 0.712 mmol/g。样品对 Pb²⁺的吸附量随 pH 值的这种变化主要是由于在较低 pH 值条件下 H⁺与 Pb²⁺之间会产生吸附竞争,使甲壳素中的氨基形成氨基离子,而随着 pH 值的增大体系中的 OH⁻也开始参与与 Pb²⁺的结合形成 Pb(OH)₂,因此,对于 Pb²⁺的吸附选用 pH 值为 4～5 较为适宜。

2. Pb²⁺溶液初始浓度和吸附时间对吸附量的影响

图 5 - 7 展示了 CCB - 50 对 Pb²⁺的吸附量随 Pb²⁺溶液初始浓度和时间变化曲线,可以看出在不同 Pb²⁺溶液初始浓度下,CCB - 50 在 4 h 左右达到吸附平衡,在吸附平衡以前 CCB - 50 对 Pb²⁺的吸附量随着时间的增加而增大,并且随着 Pb²⁺溶液初始浓度的增加,CCB - 50 对 Pb²⁺的平衡吸附量也逐渐增加,其在初始浓度为 0.50 mmol/L、0.75 mmol/L、1.00 mmol/L、1.25 mmol/L 和 1.50 mmol/L 的 Pb²⁺溶液

中的平衡吸附量分别为 0.403 mmol/L、0.573 mmol/L、0.712 mmol/L、0.835 mmol/L 和 0.912 mmol/g。

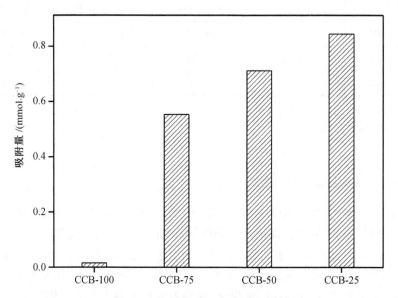

图 5 – 5　CCB – 100、CCB – 75、CCB – 50、CCB – 25 在 100 mL 的
1 mmol/L Pb²⁺ 溶液中对 Pb²⁺ 吸附量变化图(pH 值为 5)

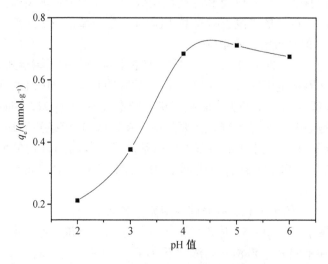

图 5 – 6　CCB – 50 在 1 mmol/L Pb²⁺ 溶液中对 Pb²⁺ 的吸附量随 pH 值变化曲线

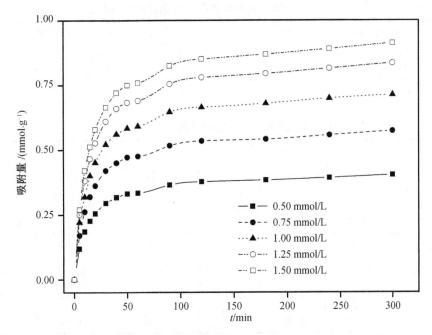

图 5 - 7　CCB - 50 对 Pb²⁺ 的吸附量随 Pb²⁺ 溶液初始浓度和时间变化曲线

3. 等温吸附模型和吸附动力学模型

由表 5 - 2 给出的拟合模型参数，可以发现 CCB - 50 对 Pb²⁺ 的吸附过程符合 Langmuir 模型，其 r^2 值为 0.999，接近 1，远高于 Freundlich 模型的 r^2 值，因此，该吸附过程主要是表面均匀单分子吸附过程。由表 5 - 3 和图 5 - 8 可以发现 CCB - 50 对 Pb²⁺ 的吸附较好地符合准二级动力学模型，其 r^2 值更为接近 1 并且实验数据点基本上都落在拟合直线上。此外，由于准二级动力学方程得到的在 Pb²⁺ 溶液初始浓度 0.50 mmol/L、0.75 mmol/L、1.00 mmol/L、1.25 mmol/L 和 1.50 mmol/L 下的平衡吸附量分别为 0.416 mmol/L、0.591 mmol/L、0.738 mmol/L、0.864 mmol/L 和 0.943 mmol/g，与实验值 0.403 mmol/L、0.573 mmol/L、0.712 mmol/L、0.835 mmol/L 和 0.912 mmol/g 较为接近，因此，该吸附过程主要为化学吸附过程，即基于 CCB - 50 表面乙酰胺与 Pb²⁺ 的配合作用。

表 5 - 2　CCB - 50 吸附 Pb^{2+} 的等温吸附模型参数

Langmuir 等温吸附模型			Freundlich 等温吸附模型		
k_L	q_{max}	r_{12}	K_F	$1/n$	r_{22}
4.985	1.225	0.999	1.221	0.458	0.979

表 5 - 3　CCB - 50 吸附 Pb^{2+} 的动力学模型参数

$c/(\text{mmol} \cdot \text{L}^{-1})$	准一级			准二级		
	$K_1/(10^{-3} \text{min}^{-1})$	$q_e/(\text{mg} \cdot \text{g}^{-1})$	r_{12}	$K_2/(\text{g} \cdot \text{mmol}^{-1} \cdot \text{min}^{-1})$	$q_e/(\text{mg} \cdot \text{g}^{-1})$	r_{22}
0.50	13.87	0.203	0.88	0.185	0.416	0.99
0.75	13.57	0.287	0.87	0.131	0.591	0.98
1.00	15.04	0.373	0.91	0.104	0.738	0.99
1.25	14.27	0.428	0.89	0.088	0.864	0.99
1.50	14.24	0.465	0.89	0.082	0.943	0.99

5.3.5　重用性分析

图 5 - 9 为 CCB - 50 对 Pb^{2+} 的吸附 - 脱附吸附量变化曲线,可以看出 CCB - 50 通过在 1 mol/L HCl 溶液中浸泡来去除被吸附的 Pb^{2+},该脱附过程在 30 min 内可基本完成。将脱附后的 CCB - 50 再次用于对 Pb^{2+} 的吸附,5 次循环后吸附量仍然能保持初始值的 70% 左右,因此,CCB - 50 作为吸附剂有着较好的重用性。

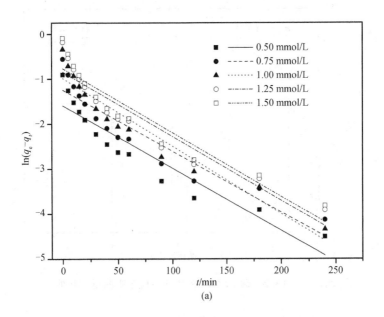

(a)

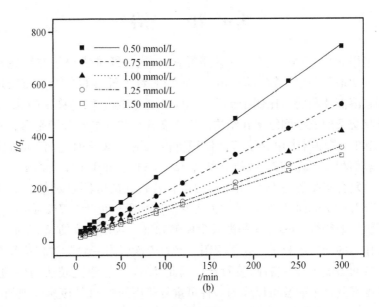

(b)

图 5 – 8　CCB – 50 吸附 Pb²⁺ 的动力学模型拟合曲线

（a）准一级；（b）准二级

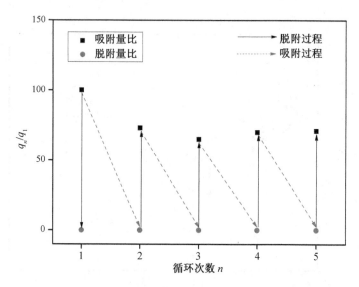

图 5 – 9   CCB – 50 对 Pb^{2+} 的吸附 – 脱附吸附量变化曲线

5.4   小   结

本章采用 pH 值反转的滴液 – 悬浮凝胶法,通过纤维素分子与甲壳素分子的自由聚集成功地制备出了较为均匀的甲壳素/竹纤维纤维素复合水凝胶球。在原料中甲壳素溶液体积所占比例小于等于 50% 时凝胶能够保持稳定的球形结构,内部呈现丝状交叉的三维网络多孔结构。甲壳素分子和纤维素分子是通过物理作用结合在一起的,当原料中甲壳素溶液体积所占比例为 50% 时,复合水凝胶球具有较大的比表面积和中孔体积,数值分别为 328.1 m^2/g 和 1.642 cm^3/g。在 Pb^{2+} 吸附处理中该复合水凝胶球与其他样品相比有着较高的吸附量和较强的结构稳定性,在 100 mL 的 1mmol/L 的 Pb^{2+} 溶液中它的饱和吸附量为 0.712 mmol/g,并且该吸附过程较好地符合 Langmuir 等温吸附模型和准二级动力学方程,是基于氨基与 Pb^{2+} 络合作用的均匀单分子层化学吸附。经过 5 次吸附 – 脱附过程该复合水凝胶球仍能保持初始值 70% 左右的吸附量。因此,滴液 – 悬浮凝胶法制备的甲壳素/竹纤维纤维素复合水凝胶可以作为一种可重复使用的含 Pb^{2+} 废水处理剂。

第6章 羧基化竹纤维纤维素水凝胶球的制备及阳离子染料和金属阳离子吸附性能

6.1 概　述

纤维素分子链是由成百上千的 D‐葡萄糖单元通过 β‐(1→4)‐糖苷键连接而成的,每个葡萄糖单元都存在三个可反应性的羟基。因此,通过纤维素的酯化、醚化、氧化和聚合物接枝等反应可以将特定的功能性基团引入到纤维素分子结构中,从而获得具有特殊功能的纤维素基材料。对于纤维素凝胶球的化学改性通常会采用多相化学反应,因为这样可以在不改变原有纤维素凝胶球制备工艺的基础上简单、快速地获得新的功能,以便使其适应离子交换色谱、蛋白质固定以及药物负载‐缓释等领域对纤维素表面化学结构的特异性要求。TEMPO 是一种在水体系中稳定存在的氮氧自由基,De Nooy 等首次将 TEMPO 催化氧化体系用于水溶性多聚糖(土豆淀粉、淀粉糊精和支链淀粉)的选择性氧化,Chang 等将其进一步拓展到非水溶性的聚多糖(纤维素和甲壳素)中,发现 TEMPO 催化氧化体系选择性地将纤维素上 C$_6$ 位伯羟基高效地转变成羧基。因此,利用 TEMPO 这种非均相的选择性催化氧化体系可以在较温和的条件下将羧基引入到纤维素凝胶中,而表面羧基化对改善纤维素凝胶网络的分散性和吸附性也有着积极意义。本章实验在 pH 值反转的滴液‐悬浮凝胶法制备纤维素凝胶球研究的基础上,采用 TEMPO 催化氧化体系对纤维素凝胶球样品进行表面羧基化处理,并讨论了该氧化过程对纤维素凝胶球的微观形貌、结构稳定性以及其对阳离子染料和重金属离子吸附能力的影响。

6.2 实　验

6.2.1 实验材料

溴化钠(NaBr)、次氯酸钠溶液和 2,2,6,6‐四甲基哌啶‐氮‐氧化物

(TEMPO),分析纯,阿拉丁试剂;竹纤维以及其他试剂参见 2.2.1 节。

6.2.2 样品制备

参见 2.2.2 节,用质量浓度为 20 mg/mL 的纤维素溶液制备出球形纤维素水凝胶(carboxyl-cellulose bead),记为 CCB - 0。TEMPO 催化氧化处理过程参照文献具体如下:取 1.25 mg TEMPO 和 12.5 mg NaBr 加入 37.5 mL 的去离子水中,然后将 20 g 纤维素水凝胶球(干重约为 0.55 g)置于该溶液体系中,并添加相当于 5 mmol/g 的次氯酸钠溶液,用 0.5 mol/L 的 NaOH 溶液控制 pH 值在 10.5 左右,室温下反应一定时间后加入乙醇终止氧化,取出纤维素水凝胶球后用乙酸浸泡脱除钠离子。将改性时间为 6 h、12 h 和 24 h 的样品依次标记为 CCB - 1、CCB - 2 和 CCB - 3。

6.2.3 样品表征

样品经叔丁醇溶剂置换和冷冻干燥后参见 2.2.3 节和 3.2.4 节对其进行 SEM 表征和红外表征。

样品羧基含量测定:样品的羧基含量采用电位滴定法进行测定。首先准确称取质量为 m_1(干重约为 0.3 g)的样品用玛瑙研钵研碎并加入 55 mL 去离子水和 5 mL 0.01 mol/L 的 NaCl 溶液,并充分搅拌使其为浆状,然后用 0.1 mol/L 的盐酸将 pH 值调节到 2.5~3,再以 0.1 mL/min 的速度滴加 0.04 mol/L 的 NaOH 溶液将 pH 值滴定至 11,将第一拐点和第二拐点之间消耗 NaOH 的体积记为 Δ(单位 mL),根据式(6-1)计算出样品中的羧基含量 cc(单位 mmol/g):

$$cc = \frac{\Delta V \cdot 0.04}{m_1} \qquad (6-1)$$

样品质量回收率测定:取 20 粒样品,在 60 ℃真空烘箱中干燥 24 h 后称重,质量记作 m_0;取 20 粒 TEMPO 催化氧化处理后的样品,干燥后称重,质量记作 m_1。根据式(6-2)粗略估算出氧化过程中样品的质量回收率 Wr(单位%):

$$Wr = \frac{m_1}{m_0} \times 100\% \qquad (6-2)$$

6.2.4 样品对阳离子染料的吸附性能

准确称取干重为 0.1 g 的水凝胶球样品加入装有 100 mL 质量浓度为 5 mg/L 的金胺 O 水溶液的锥形瓶中,放入摇床在室温下不断震荡吸附 5 h 后取出观察样品颜色变化,并对吸附前后溶液在 431 nm 波长下的吸光度进行测定,根据 4.2.4 节计算出样品对金胺 O 的吸附量。

6.2.5 样品对金属阳离子的吸附性能

准确称取干重约为 0.1 g 的 CCB – 0 和 CCB – 2 加入 50 mL 的重金属盐溶液中,重金属盐溶液分别为 Cu^{2+}、Ni^{2+}、Pb^{2+}、Cd^{2+} 和 Zn^{2+} 的硝酸盐溶液,浓度为 20 mmol/L,溶液的 pH 值控制在 4.8 左右,以 70 mmol/L 的醋酸钠和 30 mmol/L 的乙酸作为缓冲溶液,在室温下吸附 5 h 后参照 5.2.4 节求出样品的重金属离子吸附量。

6.3 实验结果与分析

6.3.1 TEMPO 催化氧化机理

TEMPO/NaClO/NaBr 体系中纤维素选择性催化氧化的机理如图 6 – 1 所示。首先,NaClO 将 Br⁻ 氧化为 BrO⁻,然后 BrO⁻ 再将 TEMPO 氧化为其所对应的亚硝鎓离子(N-oxoammonium ion),然后亚硝鎓离子又将纤维素的伯羟基氧化为醛,接着又氧化为羧酸,在整个过程中每 1 mol 的羧基的产生要消耗 2 mol 的 ClO⁻,其中,TEMPO 作为催化剂,NaBr 作为助氧化剂。

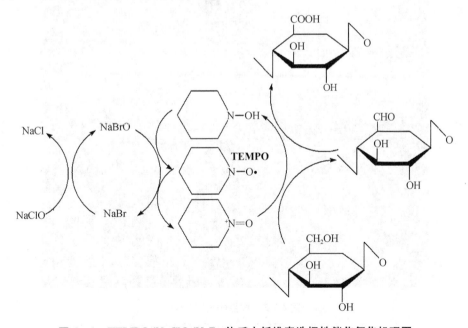

图 6 –1 TEMPO/NaClO/NaBr 体系中纤维素选择性催化氧化机理图

6.3.2 宏观形态和微观形貌分析

图 6-2 为样品的宏观照片,从图中可以发现:改性时间为 6 h 时,样品形状没有发生明显的变化,并且保持着纤维素凝胶球的均一球形形态;改性时间为 12 h 时,样品开始发生畸变和膨胀,部分样品转变为椭球形;改性时间为 24 h 时,样品开始发生开裂和溶解,变得大小不一。图 6-3 中的样品质量回收率随时间变化曲线也可以证明样品在氧化过程中出现了部分溶解和结构破坏,随着改性时间的增加,样品质量逐渐变小,改性时间为 24 h 时样品的质量仅为初始质量的 87%。图 6-4 为样品的表面和内部 SEM 图,从表面结构变化可以看出,随着氧化时间的增加纤维素凝胶球表面的致密外壳逐渐溶解,当氧化时间为 24h 时表面呈现出与内部结构相似的三维网络结构,如图 6-4(d)所示,因此,该氧化过程使球形纤维素凝胶表面的通透性增大。从内部结构可以看出,TEMPO 催化氧化使得纤维素凝胶球的内部网络逐渐微细化,并且交叉网络的不均匀性也得到了改善。综合以上变化可以说明 TEMPO 羧基化作用对球形纤维素凝胶的外壳有着腐刻作用,并且使内部纤维素分子之间的电荷排斥作用(参见 6.3.3 节)增大,从而导致其表观体积增大和内部网络微细化,进而会导致内部孔隙结构的改变(参见 6.3.4 节)。

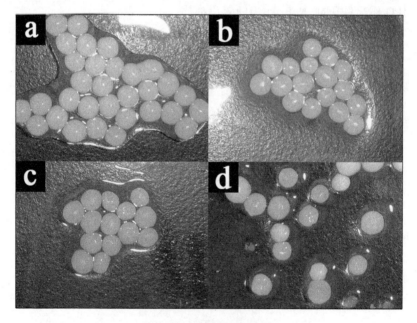

图 6-2　样品的宏观照片
(a)CCB-0;(b)CCB-1;(c)CCB-2;(d)CCB-3

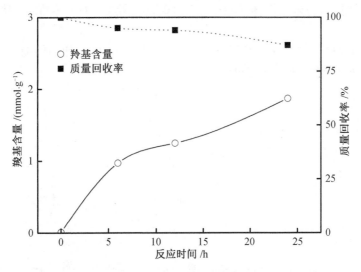

图 6 – 3　样品的羧基含量和质量回收率随氧化时间变化曲线

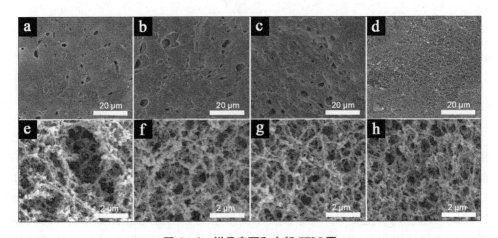

图 6 – 4　样品表面和内部 SEM 图
(a)CCB – O 表面；(b)CCB – 1 表面；(c)CCB – 2 表面；(d)CCB – 3 表面；
(e)CCB – O 内部；(f)CCB – 1 内部；(g)CCB – 2 内部；(h)CCB – 3 内部

6.3.3　羟基含量分析

图 6 – 5 为样品的红外光谱图,可以看出随着改性时间的变化,纤维素凝胶球出现以下几点变化。

（1）改性样品与未改性样品相比在 3 380 cm^{-1} 处的—OH 伸缩振动吸收峰有所减弱。

（2）在 1 737 cm^{-1} 处改性样品出现了羧酸中 C＝O 的伸缩振动吸收峰，并且随着改性时间的增加该峰强度也增大。

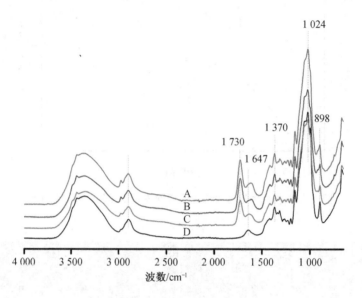

图 6 - 5　样品的红外光谱图
A—CCB - 3；B—CCB - 2；C—CCB - 1；D—CCB - 0

这些变化初步表明了纤维素分子中 C$_6$ 位的伯羟基通过 TEMPO 的选择性催化氧化转化生成了羧基，并且随着改性时间的增加羧基含量也逐渐增加。图 6 - 4 中的羧基含量随时间变化曲线可以进一步证明纤维素凝胶球内羧基含量的增加，样品 CCB - 1、CCB - 2 和 CCB - 3 的羧基含量分别为 0.97 mmol/g、1.25 mmol/g 和 1.87 mmol/g。结合上文中纤维素凝胶球的形态变化，可以得出结论：改性时间控制在 12 h 既可以保证球形纤维素凝胶结构的稳定性，又可使其具有较高的羧基含量。

6.3.4　孔隙结构分析

图 6 - 6 为 CCB - 0、CCB - 1 和 CCB - 2 的 N$_2$ 吸附 - 脱附等温线和孔径分布图。考虑到 CCB - 3 样品的碎裂，在本部分和后面的吸附性能分析中对其不做重点考虑。根据 IUPAC 的规定和图 6 - 6(a)可知，这 3 种样品的 N$_2$ 吸附 - 脱附等温线都为Ⅳ型，且具有 H1 型滞留环，同时可以发现滞留环形成在较大 P/P_0 的位置，

因此,可以推测该材料具有丰富的中孔和大孔,并且与纤维素水凝胶球(CCB－0)的 N_2 吸附量相比,CCB－1 和 CCB－2 的 N_2 吸附量明显提升。由表 6－1 可以看出 CCB－1 和 CCB－2 的比表面积分别为 261.4 m^2/g 和 339.6 m^2/g,中孔体积分别为 1.092 cm^3/g 和 1.731 cm^3/g,与 CCB－0 相比,CCB－2 在中孔体积和比表面积两个方面都有着明显的提高,这些说明 TEMPO 对纤维素凝胶球的羧酸化不仅使其具有了可吸附阳离子的羧基官能团,还使它的可吸附表面积和孔体积得到了较大的改善。同时,从图 6－3(b)中可以看出 CCB－0、CCB－1 和 CCB－2 的孔隙分布也产生了较大的差异,随着改性时间的增加,纤维素凝胶球在较小中孔范围内的体积增加,这也可以归因于纤维素凝胶球内部网络的微细化过程。

表 6－1　样品的孔隙结构特征

样品	BET 比表面积 /(m² · g⁻¹)	BJH 吸附平均 孔径/nm	微孔体积① /(cm³ · g⁻¹)	中孔体积② /(cm³ · g⁻¹)
CCB－0	215.1	21.22	0.005 7	1.183
CCB－1	261.4	10.65	0.005 3	1.092
CCB－2	339.6	15.49	0.031 1	1.731

①根据 N_2 吸附 t－plot 曲线拟合确定。
②根据 N_2 吸附测量确定。

6.3.5　阳离子染料吸附性能分析

从前面的红外表征和 SEM 表征的分析结果中可以看出,TEMPO 的催化氧化作用可以使纤维素凝胶球产生较多羧基,同时对其微观孔隙结构也有明显的改善。这样就可能使纤维素凝胶球具有一定的阳离子吸附特性,在此选用金胺 O 这种阳离子染料对其染色性能进行简单吸附测试。从图 6－7(b)中可以发现随着氧化时间的增加球形纤维素凝胶表现出的更强的吸附能力和润湿性,纤维素凝胶球的颜色逐渐加深,体积逐渐变大,而被吸附的金胺 O 溶液的颜色也随之变浅。结合图 6－7(a),可发现未改性的纤维素水凝胶球 CCB－0 的吸附量为 0.13 mmol/g,经过 12 h 和 24 h 改性的样品吸附量分别为 0.83 mmol/g 和 1.24 mmol/g。因此,TEMPO 催化氧化这种纤维素凝胶球表面改性手段使得纤维素凝胶球具有了较好的阳离子染料吸附性能。

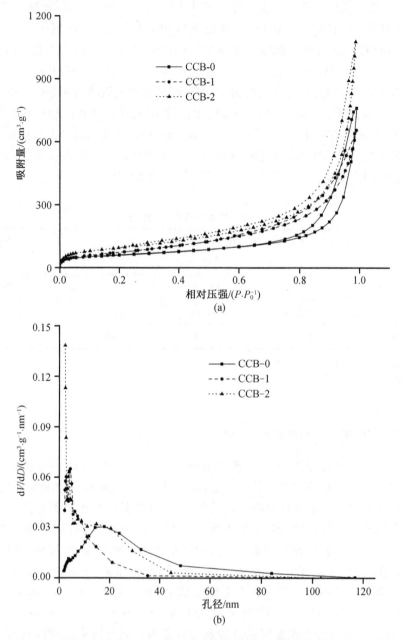

图 6-6 CCB-0、CCB-1 和 CCB-2 的 N₂吸附－脱附等温线和孔径分布图

（a）N₂ 吸附－脱附等温线；（b）孔径分布图

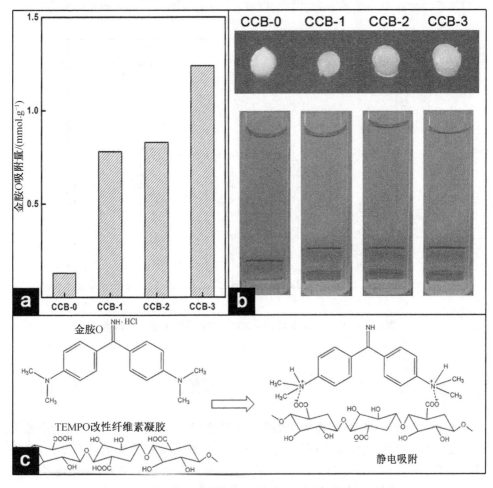

图6-7 不同样品对金胺O的吸附性能

(a)金胺O吸附量;(b)宏观图像;(c)吸附机理

6.3.6 金属阳离子吸附性能分析

图6-8为CCB-0和CCB-2对几种金属阳离子的吸附量。从图6-8中可以看出,CCB-2对Cu^{2+}、Ni^{2+}、Pb^{2+}、Cd^{2+}和Zn^{2+}的吸附能力较CCB-0要明显增强,CCB-2对这几种金属阳离子的吸附量变化为$Cu^{2+} > Cd^{2+}$、Pd^{2+}、$Ni^{2+} > Zn^{2+}$,与其对阳离子染料的吸附性量变化略有差别,CCB-2对阳离子染料的吸附量为0.83 mmol/g,而对金属阳离子的吸附量最大为0.55 mmol/g,这是由于二价的Cu^{2+}和Cd^{2+}等离子存在空的d轨道,加上ns、np轨道组成杂化轨道使得需要更多

的羧基参与金属阳离子的络合,因此,CCB-2对金属阳离子的吸附量相对较低。

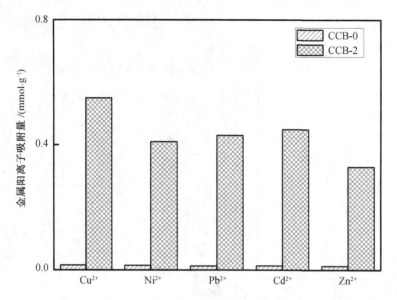

图6-8　CCB-0和CCB-2对几种金属阳离子的吸附量

6.4　小　　结

　　本章实验通过TEMPO选择性催化氧化体系成功将羧基引入到纤维素凝胶球中。经过12 h的氧化反应,既可以保证该球形纤维素凝胶原有的球形结构,又使其具有了较高含量的羧基(1.25 mmol/g),同时该纤维素凝胶球的表面密集度也大大降低,内部网络丝化增强,比表面积和中孔体积得到了提升,分别为339.6 m²/g和1.731 cm³/g。该化学改性纤维素凝胶球对阳离子染料和金属阳离子都表现出良好的吸附性能,其中,改性时间为12 h的样品对100 mL 5 mg/L金胺O溶液的吸附量为0.83 mmol/g,对几种金属阳离子(50 mL 20 mmoL/L)的吸附能力大小为$Cu^{2+} > Cd^{2+}$、Pd^{2+}、$Ni^{2+} > Zn^{2+}$,吸附量均在0.44 mmol/g以上。因此,通过表面化学改性可以使纤维素凝胶球产生更为丰富的特异功能,从而更好地在吸附和环保领域中得到应用。

第 7 章 Ag₂O/竹纤维纤维素 复合气凝胶球的制备及 碘蒸气吸附性能

7.1 概　　述

将无机纳米颗粒引入到纤维素等有机高分子聚合物中不仅可以对其自身的某些性能加以改善,也会使材料具有特定的功能。纤维素水凝胶网络中包含着大量的水,通过无机离子在水体中的原位合成与生长可以有效和便捷地制备出无机纳米颗粒功能化的纤维素基水凝胶材料,采取一定的干燥手段在避免体积收缩的条件下去除水便可以得到相应的气凝胶材料。同时,纤维素网络自身的纳米特性也使得引入的无机纳米颗粒保持了良好的分散性和附着稳定性,不易发生团聚和脱落。Wu 等利用原位合成法将银纳米颗粒引入到细菌纤维素网络中使其具备良好的抑菌性;Shi 等利用原位合成法将 SiO_2 引入到再生纤维素气凝胶中,发现 SiO_2 的引入对原始样品的绝热性能和力学强度有很人的提高。本章实验在前面纤维素凝胶球制备的基础上,利用 Tollens 试剂中银氨络离子在纤维素表面的吸附和反应,制备出负载 Ag_2O 的无机功能化纤维素气凝胶球,并以 I^{127} 作为 I^{131} 的放射性同位素研究该复合气凝胶球对碘蒸气的吸附性能。

7.2 实　　验

7.2.1 实验材料

硝酸银、碘和氨水,分析纯,购自天津科密欧化学试剂有限公司;竹纤维和其他试剂参见 2.2.1 节。

7.2.2 Ag₂O/竹纤维纤维素复合气凝胶球的制备

参见 2.2.2 节,用质量浓度为 20 mg/mL 的纤维素溶液制备出纤维素气凝胶球(cellulose aerogel bead),记为 CAB。取该法制备的未干燥的 20 g 纤维素水凝胶球浸泡在 100 mL 现配的 0.05 mol/L 的 Tollens 试剂中反应 6 h,温度控制为 80 ℃,然后将样品用去离子水置换洗涤 2~3 次,并依次用乙醇和叔丁醇置换后经冷冻干燥得到 Ag₂O/竹纤维纤维素复合气凝胶球(Ag₂O/cellulose aerogel bead),记为 ACAB。ACAB 和参照样品 CAB 在用于吸附测试和性能表征之前,先在真空烘箱中 60 ℃ 干燥 24 h,进一步去除小分子吸附物。

7.2.3 样品表征

CAB 和 ACAB 的 SEM 表征、XRD 表征和 BET 表征参见 2.2.3 节和 3.2.4 节。在 SEM 测试时采用 EDS 附件对样品的元素种类和含量进行测定。

Ag₂O 负载量测定:用十万分之一天平准确称取质量为 m_0(0.15 g)的 ACAB 样品,放入 500 ℃ 的马弗炉中煅烧 6 h 后,称量样品的残余质量记作 m_1,由于样品中的 Ag₂O 在高温下(约 250 ℃)开始分解转变为 Ag,因此,样品中 Ag₂O 负载量 L(单位 mg/g)可根据式(7-2)计算得到,式中,M_{Ag_2O} 和 M_{Ag} 分别为 Ag₂O 和 Ag 的相对分子质量。

$$2Ag_2O \xrightarrow{\triangle} 4Ag + O_2 \tag{7-1}$$

$$L = \frac{1\,000 \times m_1 M_{Ag_2O}}{2M_{Ag} m_0} \tag{7-2}$$

TEM 表征:取少许 ACAB 水凝胶样品,加入 1 mL 去离子水用玛瑙研钵研碎,超声波震荡 10 min 后,滴在铜网上吸附,使用日本日立(HITACHI)仪器有限公司的 H-7650 型透射电子显微镜进行观察与拍照。

7.2.4 碘蒸气吸附测试

精确称取质量为 m_0(约 0.1 g)的 CAB(或 ACAB)平铺到铜网上,接着将铜网置于圆底烧瓶中,并在圆底烧瓶底部事先加入 1 g 碘颗粒,然后将装置放置到通风处加热到 60 ℃ 使碘缓慢升华,吸附 1 h 后准确称量样品的质量 m_1,依据式(7-3)计算出吸附量 Q(单位 mg/g),并用 XRD 表征分析 ACAB 中 Ag₂O 到 AgI 的晶型转变。

$$Q = \frac{1\,000 \times (m_1 - m_0)}{m_0} \tag{7-3}$$

参见 Haefner 给出的 Ag₂O 对碘的吸附反应方程,即式(7-4),在该反应中 I₂ 被固定但又释放出了 O₂,因此,对于 ACAB 来说该法测定的 I₂ 吸附量仅是估值,实际值要略大于该值。

$$Ag_2O + I_2 \longrightarrow 2AgI + 1/2O_2 \tag{7-4}$$

7.3 实验结果与分析

7.3.1 宏观形态和微观形貌分析

从图 7-1(a)和图 7-1(d)中可以看出,Tollens 试剂的浸泡反应对原始 CAB 的球形形态没有任何影响,无论是 ACAB 的水凝胶还是干燥后制得的气凝胶仍然保持良好的球形,但是它们在颜色上产生了巨大的差异,CAB 显示出纤维素原始的白色,而 ACAB 的水凝胶为黑色,ACAB 为灰色,根据这种色泽上的差异可以初步判断黑色的 Ag₂O 在纤维素凝胶中的存在。从图 7-1(c)和图 7-1(f)所示的 EDS 能谱中也可以发现在 ACAB 中出现了特有的 Ag 元素,相对于 C 和 O,其质量所占比例约为 9.41%。而从图 7-1(b)和图 7-1(e)所示的 SEM 图中仅可以看出 CAB 与 Tollens 试剂的反应和结合对原始纤维素凝胶网络结构没有明显的影响,仍然保持着纤维素聚集缠绕所形成的三维网络结构,但是在 ACAB 的 SEM 图中无法观察到其他粒子的存在,因此,需要借助 TEM 图做进一步的分析。

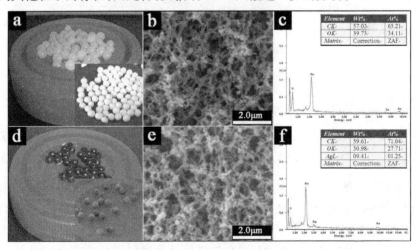

图 7-1 CAB 和 ACAB 的照片、SEM 图和 EDS 能谱

(a)CAB 的照片;(b)CAB 的 SEM 图;(c)CAB 的 EDS 能谱;(d)ACAB 的照片;

(e)ACAB 的 SEM 图;(f)ACAB 的 EDS 能谱

图 7 - 2 为 ACAB 的 TEM 图,由此可以推测出模糊的网络结构为半结晶态的纤维素凝胶网络,而这些网络上附着有高结晶态(颜色较深)的纳米颗粒,这些纳米颗粒可能是导致 ACAB 颜色变化的主要因素,即 Ag_2O 纳米颗粒的引入(具体可以结合 XRD 分析)。经 Nano Measurer 统计分析,其粒径为 15 ~ 60 nm,并且分散较为均匀,没有出现纳米颗粒之间的团聚,同时这些纳米颗粒也主要以附着的形式存在于纤维素网络中,而在空白区域不存在。

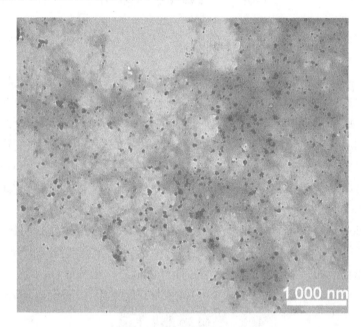

图 7 - 2 ACAB 的 TEM 图

7.3.2 XRD 分析

图 7 - 3 为气凝胶样品 CAB 和 ACAB 的 XRD 曲线,可以看出 CAB 的 XRD 曲线在 $2\theta = 12.1°$、$2\theta = 20.2°$ 和 $2\theta = 21.5°$ 处出现了衍射峰,这些衍射峰的位置分别对应Ⅱ型纤维素的(101)、(10$\bar{1}$)和(200)晶面,而 ACAB 的 XRD 曲线不仅出现了Ⅱ型纤维素的衍射峰,还出现了 $2\theta = 32.3°$ 和 $2\theta = 55.68°$ 的衍射峰,与 JCPDS - 76 - 1393 Ag_2O 标准卡对照可知这两个衍射峰的位置分别对应 Ag_2O 的(111)和(221)晶面。使用纤维素结晶度经验公式进行核算后得到 CAB 和 ACAB 的结晶度分别为 63% 和 61%。以上分析可以进一步证明 ACAB 的网络中存在 Ag_2O 纳米颗粒,并且引入的 Ag_2O 纳米颗粒对其原始结晶结构影响不大。

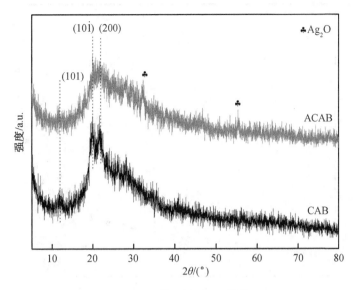

图 7-3　样品的 XRD 曲线

7.3.3　孔隙结构分析

图 7-4 为 CAB 和 ACAB 的 N_2 吸附-脱附等温线和孔径分布图。根据 IUPAC 的规定和图 7-4 可知 CAB 和 ACAB 的 N_2 吸附-脱附等温线都为Ⅳ型,且具有 H1 型滞留环,同时可以发现滞留环形成在较大 P/P_0 的位置,因此,可以推测该材料具有丰富的中孔和大孔。从孔径分布图(图 7-4(b)和图 7-4(d))和表 7-1 中可以看出,纤维素气凝胶球负载 Ag_2O 后孔结构发生了明显变化,与 CAB 相比,ACAB 的比表面积和中孔体积都有所减小,比表面积从 253 m^2/g 减小到 95 m^2/g,孔体积从 1.00 cm^3/g 减小到 0.44 cm^3/g,而平均孔径从 13.6 nm 增加到 16.1 nm,这主要是由 Ag_2O 纳米颗粒在纤维素凝胶网络中吸附和生长填充了部分孔隙导致的。虽然 ACAB 的可吸附表面积和孔体积与 CAB 相比都有所降低,但是其中引入了可特性吸附的 Ag_2O 纳米颗粒,从而使其对 I_2 的吸附特性也发生了改变,具体参见 7.3.5 节。

表 7-1　样品的孔隙结构特征

样品	BET 比表面积/($m^2 \cdot g^{-1}$)	平均孔径/nm	BJH 孔体积/($cm^3 \cdot g^{-1}$)
CAB	253	13.6	1.00
ACAB	95	16.1	0.44

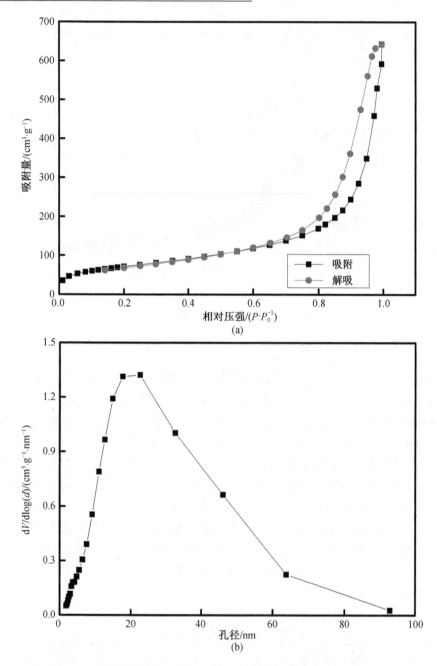

图 7 - 4 CAB 和 ACAB 的 N$_2$ 吸附 - 脱附等温线和孔径分布图

(a)CAB 的 N$_2$ 吸附 - 脱附等温线;(b)CAB 的孔径分布图;

(c)ACAB 的 N$_2$ 吸附 - 脱附等温线;(d)ACAB 的孔径分布图

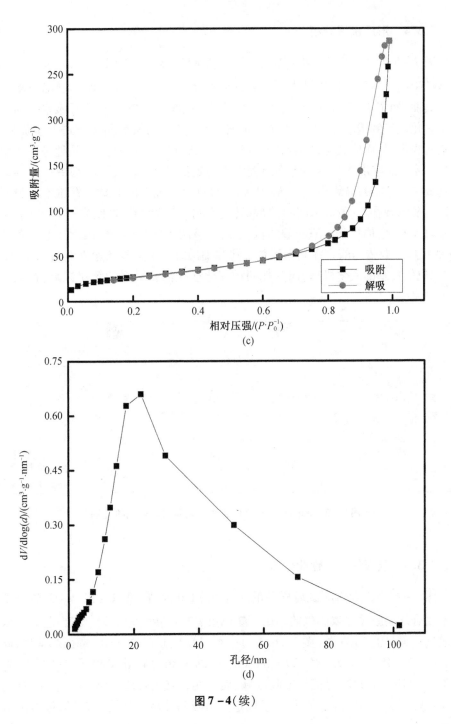

(c)

(d)

图 7-4(续)

7.3.4　形成机理分析

图 7-5 为 Ag_2O/竹纤维纤维素复合气凝胶球形成机理图,首先 Tollens 试剂中的 $Ag(NH_3)_2^+$ 络离子扩散进入纤维素凝胶网络中,有一部分会通过静电吸附到纤维素表面,如图 7-5(a)所示,然后氧化性的 $Ag(NH_3)_2^+$ 络离子把纤维素表面羟基逐步氧化成醛和羧酸,从而产生了银晶种,氧化产生的羧酸阴离子进一步促使 Ag 的紧密吸附,从而使其与纤维素凝胶球中的纤维素网络紧密结合,晶种进一步生长形成纳米 Ag,在水洗和溶剂转换过程中不稳定的纳米 Ag 又被溶剂中残留的氧气氧化成纳米 Ag_2O,最终得到了 Ag_2O/竹纤维纤维素复合凝胶球。纤维素自身的还原性主要体现在 C_2 位和 C_3 位仲羟基转变为酮,C_2 位和 C_3 位间 C—C 的断裂生成二醛以及 C_6 位伯羟基向醛和酸的转变,对于该法用到的再生纤维素还原制备纳米 Ag 的反应主要依据前人在利用天然棉花和细菌纤维素自身还原性制备纳米 Ag 中的 C_6 位伯羟基的氧化机理,而其他两种氧化往往需要更强的氧化试剂,在该过程中很难发生。

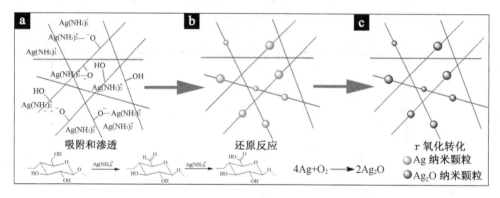

图 7-5　Ag_2O/竹纤维纤维素复合凝胶球形成机理图

7.3.5　碘蒸气吸附性能分析

图 7-6 为碘吸附测试后样品的照片和 XRD 曲线,可以看出 Ag_2O/竹纤维纤维素复合气凝胶球在碘蒸气的作用下颜色由黑灰色转变为淡黄色或白色。从吸附碘蒸气后样品的 XRD 图(图 7-6(b))中可以发现原本的 Ag_2O 特征峰消失,同时在 $2\theta = 22.24°$、$2\theta = 23.4°$、$2\theta = 39.06°$ 和 $2\theta = 46.14°$ 处出现了 AgI 的(100)、(002)、(110)和(112)晶面特征吸收峰,表明在碘吸附过程中 ACAB 中 Ag_2O 与 I_2 作用生成了 AgI,碘元素从而得到了固定。由吸附前后样品质量差异,可得出 CAB

和 ACAB 吸附量分别为 30.1 mg/g 和 87.8 mg/g,根据 ACAB 的 Ag$_2$O 负载量为 50.7 mg/g可求出 ACAB 由 Ag$_2$O 向 AgI 转变的理论化学吸附量为 52.0 mg/g。与 87.8 mg/g 的总吸附量相比,理论上的化学吸附量要远远小于该值,故可以判断出 ACAB 利用自身的多孔的网络结构通过截留和物理吸附作用对碘蒸气有一定去除。虽然总体上 Ag$_2$O/竹纤维纤维素复合气凝胶球与 Ag/Mon - POF 等多孔有机气凝胶相比对碘蒸汽的吸附量较低,但是采用纤维素这种环境友好的基底材料可以避免吸附材料自身对环境的影响。同时,碘吸附器在核电厂通风系统中的普遍使用也使成本低廉的纤维素材料具有潜在的开发和应用价值。

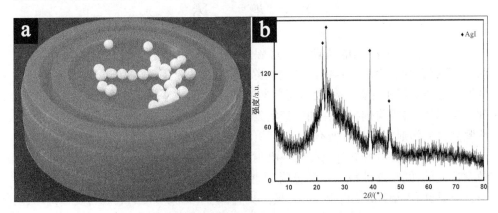

图 7 - 6　吸附碘蒸气后 ACAB 的照片和 XRD 曲线
(a)照片;(b)XRD 曲线

7.4　小　　结

　　本章通过原位合成成功地将纳米 Ag$_2$O 颗粒引入到 pH 值反转的滴液 - 悬浮凝胶法制备的纤维素凝胶球网络中,得到了 Ag$_2$O/竹纤维纤维素复合气凝胶球。研究结果表明,在合成前后水凝胶和气凝胶样品都呈现出均匀的球形,并且内部保持良好的三维网络结构,纳米 Ag$_2$O 颗粒较为均匀地分布到纤维素骨架上,并与气凝胶骨架间存在较强的作用,不易脱落,同时纳米 Ag$_2$O 颗粒的引入导致纤维素气凝胶球的比表面积和孔体积有所减小,但是其孔结构类型没有改变,仍为孔材料。在气凝胶样品 I$_2$蒸气吸附研究中,Ag$_2$O/竹纤维纤维素复合气凝胶球对 I$_2$蒸气有着良好的物理和化学吸附作用,吸附量高达 87.8 mg/g。因此,纳米无机功能改性可以作为纤维素凝胶球的功能化手段。

第8章 硅烷基化竹纤维纤维素气凝胶球的制备及油吸附性能

8.1 概　述

对于水体系中浮油的清理是环境保护和资源回收利用的一项重要工作。目前,主要有3种手段用于水中浮油的去除,即浮油的收集、浮油的分散降解和浮油的原位燃烧。吸附法是一种较为简单便捷的浮油收集手段,它不需要大规模的处理设备,只需将吸附剂投放在油污聚集处就可以快速地去除浮油,因此它在应对一些紧急性油污泄漏事故方面有着不可替代的优势。传统的油吸附材料主要是锯末和棉絮等没有选择性的吸附材料,在吸附油污的同时也吸附了大量的水,所以吸附效率比较低,同时这种粉末状的吸附剂也不利于回收。而一些合成高分子吸附材料,例如聚丙乙烯纤维油吸附剂,它虽然具有 $50 \sim 90 \ \mathrm{mg/cm^3}$ 的表观密度,可以吸附超过自身质量15倍的油,但是在油污的去除过程中其自身在油脂中的溶解特性使得它的质量损失往往超过50%。纤维素是自然界中存在最为丰富的高分子,它不仅来源广泛、价格低廉、可生物降解,而且在水体系和绝大多数的有机体系中有着极高的稳定性,而纤维素气凝胶作为纤维素基材料质量最轻的形式,有着极低的密度和极大的孔隙,因此纤维素气凝胶在作为油吸附材料方面有着特别的优势。很多研究指出,通过表面酯化和烷基化等手段可以进一步提升纤维素气凝胶对油的吸附选择性。本章实验在球形纤维素气凝胶研究的基础上,通过表面硅烷基化制备出了一种具有良好疏水性、结构稳定、可悬浮、可重复利用和环境友好的球形纤维素气凝胶浮油吸附材料。

8.2 实　验

8.2.1 实验材料

十八烷基三氯硅烷(OTS)用作疏水改性剂,质量分数大于85%,梯希爱(上海)化成工业发展有限公司;正己烷,分析纯,天津市东丽区天大化学试剂厂;竹纤维和其他试剂参见 2.2.1 节。

8.2.2　样品制备

参见 2.2.2 节用质量浓度为 10 mg/mL 的纤维素溶液制备出球形纤维素气凝胶,记为 UCAB(unmodified cellulose aerogel bead)。取 1 g 该气凝胶样品浸泡于 50 mL 体积分数为 1% 的 OTS 正己烷溶液中在室温下反应 12 h 后用正己烷浸泡洗涤 2 ~ 3 次除去过量的改性剂与其他副产物,然后将样品取出置于通风处 12 h 使凝胶内溶剂缓慢挥发,最后将其放入到真空干燥箱中 60 ℃ 干燥 24 h,从而得到硅烷基化纤维素气凝胶球 SCAB(silylanization cellulose aerogel bead)。

8.2.3　样品表征

样品的 SEM 表征、红外表征、XRD 表征和 BET 表征参见 2.2.3 节和 3.2.4 节。在 SEM 测试时对 UCAB 和 SCAB 的表面元素进行扫描。

XPS 表征:采用美国热电公司的 THERMO 型 X 光电子能谱对改性前后纤维素气凝胶球样品进行表面分析,对元素 C、O 和 Si 进行高分辨扫描。

润湿性表征:分别将 UCAB 和 SCAB 并排紧密地黏附到载玻片上,使用光学接触角测量仪测定其对去离子水和正己烷的润湿性,测量时采用的液滴大小为 7 μL。

8.2.4　吸油性能表征

油吸附测定:取质量为 m_0(约 20 mg)的 SCAB 分别对 5 mL 环己烷、正辛醇、甲苯、液体石蜡、菜籽油、橄榄油、环己烷和柴油样本在室温下进行吸附,吸附 10 min 后用纱布沥去多余的吸附物称得质量 m_1,根据式(8 - 1)计算出增重比 WG(Weight Gain,单位%)。

$$WG = \frac{m_1 - m_0}{m_0} \times 100\%　\qquad (8 - 1)$$

吸附 - 脱附重用性测试:取质量为 m_0(约 10 mg)的 SCAB 对 5 mL 甲苯吸附 10 min 求得增重比 WG_1,在温度为 40 ℃ 条件下采用减压蒸馏法去除被吸附的甲苯称得脱附后的样品质量 m_1,求得吸附剂质量变化(m_1/m_0),然后再进行甲苯吸附测试,重复 5 次吸附 - 脱附过程,得到每次的甲苯吸附质量(WG_n)。

8.3　实验结果与分析

8.3.1　宏观形态和微观形貌分析

图 8-1 为改性前后样品的宏观照片,从中可以看出样品在改性前后都保留了良好的球形形态。在改性的过程中,由于弱极性的正己烷蒸发去除会产生一定的毛细管收缩作用,气凝胶球的直径从(2.46 ± 0.03)mm 降低到(2.11 ± 0.03)mm,但是 SCAB 仍然保留了 17.6 mg/cm³ 的极小密度,总的孔体积高达 56.11 cm³/g(参见 8.3.4 节)。结合相同放大倍数下 UCAB 和 SCAB 内部网络结构的变化也可以推测出这种气凝胶网络的收缩(如图 8-2(b)和图 8-2(d)所示),即改性前后纤维素凝胶网络的密集程度明显增大,同时改性样品的表面也出现了由于网络收缩而形成的褶皱,如图 8-2(c)所示。图 8-2 展示了改性前后纤维素气凝胶的面扫区域内元素种类和含量的变化,从图中可以看出用 OTS 处理后纤维素气凝胶球中引入了 OTS 中特有的 Si 元素,可以初步推测 OTS 与纤维素之间产生了硅烷基化作用。此外,SCAB 表面和内部网络都含有 Si 元素,质量分数分别为 9.41% 和 4.63%,这说明了 OTS 对纤维素气凝胶球表面和内部都起到了作用,同时还表明 OTS 对纤维素气凝胶球的改性程度外部要远大于内部,这也增强了纤维素气凝胶球的表面疏水性和吸附选择性。

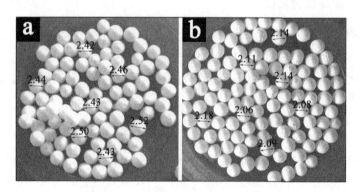

图 8-1　改性前后样品的宏观照片

(a)UCAB;(b)SCAB

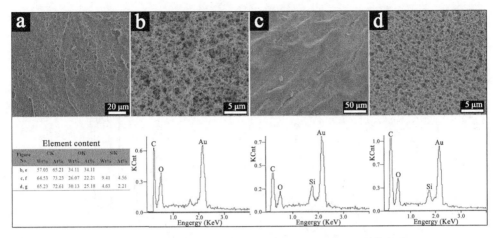

图 8 - 2　UCAB 和 SCAB 的表面和内部的 SEM 图以及相应的 EDS 能谱
(a)UCAB 表面;(b)UCAB 内部;(c)SCAB 表面;(d)SCAB 内部

8.3.2　红外分析和 XRD 分析

　　图 8 -3(a)和图 8 -3(b)分别为改性前后样品的红外光谱图和 XRD 图,从图 8 -3(a)中可以看出,SCAB 在 2 919 cm^{-1}和 2 851 cm^{-1}处的红外吸收峰对应 C—H 的不对称和对称的伸缩振动,在 1 468 cm^{-1}处的红外吸收峰为—CH$_3$和—CH$_2$—中 C—H 的弯曲振动,在 720 cm^{-1}处的红外吸收峰对应—(CH$_2$)$_n$—的弯曲振动,这些都是疏水性长直连烷基(十八烷基)被引入的结果,进一步表明 OTS 与纤维素气凝胶球表面羟基硅烷基化改性反应的发生,由于 Si—O 键峰值较弱且与其他峰值重合,将借助 XPS 图对其进行分析。图 8 -3(b)为 UCAB 和 SCAB 的 XRD 图,从中可以看出两者的衍射峰都出现在 $2\theta=12.1°$,$2\theta=20.2°$和 $2\theta=21.5°$处,这些衍射峰位置分别对应Ⅱ型纤维素的(101)、(10$\bar{1}$)和(200)晶面,这表明 OTS 表面改性没有使原始再生纤维素气凝胶的晶型结构发生转变,使用纤维素结晶度经验公式进行核算后得到 UCAB 和 SCAB 的结晶度分别为 71%和 69%,说明 OTS 与纤维素气凝胶的反应是 OTS 与纤维素表面羟基的反应,没有破坏原始气凝胶的结晶结构。

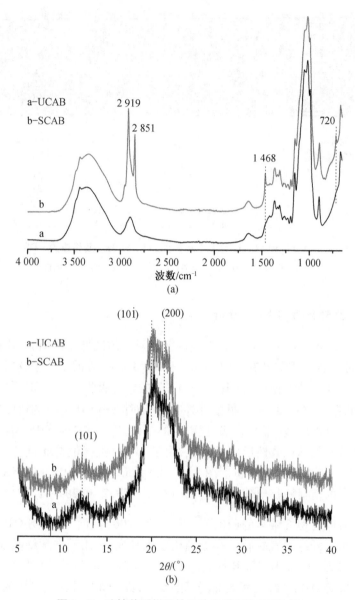

图 8 - 3　改性前后样品的红外光谱图和 XRD 图

（a）红外光谱图；（b）XRD 图

8.3.3 XPS 分析

图 8-4 为样品的 XPS 宽带扫描能谱和 C1s、Si2p 高分辨能谱,表 8-1 为样品的表面元素,从中可以看出在 SCAB 中出现了 Si,这与 EDS 分析结果一致,并且 SCAB 表面 C 元素的比例也明显较 UCAB 大,从 56.54% 增加到 67.23%,这也是 OTS 中直连烷基引入的结果。从 C1s 和 Si2p 的高分辨能谱中可以看出 285.0 eV、286.7 eV 和 287.9 eV 分别对应 C—(C,H)、C—O 和 O—C—O 峰,其中 C—(C,H) 的比例在 OTS 改性后从 11.7% 增加到 48.2%,这也进一步说明了表面直连烷基的存在。对 SCAB 中 Si2p 进行分峰,可以得到 101.4 eV R_3—SiO 和 10.2.0 eV C_2—SiO_2 两个峰,这说明 OTS 中 R—$SiCl_3$ 与纤维素表面羟基形成了 Si—O—C 的结合,而残留的两个相邻 Si—Cl 又形成了 Si—O—Si,具体参见 8.3.6 节。

表 8-1 样品的表面元素

样品	从 XPS 得到的原子表面浓度		
	C	Si	O
UCAB	56.54%	—	43.46%
SCAB	67.23%	2.2%	30.57%

8.3.4 孔隙结构分析

图 8-5 为样品的 N_2 吸附-脱附等温线和孔径分布图,根据 IUPAC 的规定和图 8-5(a) 可知 OTS 改性前后纤维素气凝胶球的 N_2 吸附-脱附等温线都为 Ⅳ 型,且具有 H1 型滞留环。滞留环形成在较大 P/P_0 的位置,因此可以推测该材料具有丰富的中孔和大孔。改性后纤维素气凝胶球的 N_2 吸附量明显下降,结合表 8-2 给出的孔隙结构特征数据可以看出样品在 OTS 改性过程中由于正己烷溶剂蒸发使得网络密集化,因此比表面积从初始的 200.1 m^2/g 降低到 135.5 m^2/g,并且在纤维素网络结构收缩过程中使得不同类型的孔体积也产生差异,中孔体积从 1.029 cm^3/g 降低到 0.699 cm^3/g,而微孔体积从 0.005 3 cm^3/g 增加到 0.017 5 cm^3/g。由图 8-5(b) 可以看出纤维素气凝胶球的中孔孔径分布也发生了明显的变化,从改性前的一个主要分布区域(15 nm)左右变成两个分布区域,即 SCAB 在 2~5 nm 区域产生新的中孔分布区域,这也说明了纤维素网状结构的紧缩使得较大直径的孔转变为较小的中孔或微孔,因此纤维素气凝胶球的平均孔径从 19.84 nm 减小到 18.74 nm,

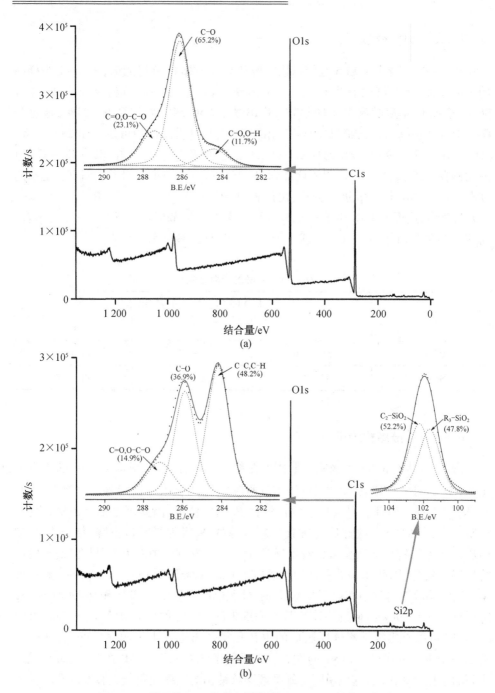

图 8 - 4　样品的 XPS 宽带扫描能谱和 C1s、Si2p 高分辨能谱

（a）UCAB；（b）SCAB

但是在 OTS 改性过程中整个纤维素气凝胶球的总孔体积变化不大,改性后的 SCAB 仍然保留了较为丰富的孔隙结构,高达 56.11 cm^3/g 的总孔体积使得它依然具有很好的油脂吸附潜能。

表 8 – 2　样品的孔隙结构特征

样品	BET 比表面积 /(m^2/g^{-1})	BJH 吸附平均孔径/nm	微孔体积[①] /($cm^3 \cdot g^{-1}$)	中孔体积[②] /($cm^3 \cdot g^{-1}$)	总孔体积[③] /($cm^3 \cdot g^{-1}$)
UCAB	200.1	19.84	0.005 3	1.029	66.89
SCAB	135.5	18.74	0.017 5	0.699	56.11

①根据 N_2 吸附 t – plot 曲线拟合确定。
②根据 N_2 吸附测量确定。
③根据再生纤维的平均密度(1.475 g/cm^3)计算。

8.3.5　润湿性分析

图 8 – 6 为样品置于亚甲基蓝染色的水中的照片和相应的水滴或油滴表面接触图以及 UCAB 收缩机理图,展示了 UCAB 和 SCAB 的润湿性差异和吸附水或油后的结构稳定性变化,从图中可以看出经过疏水改性的 SCAB 置于水面上处于稳定的漂浮状态,而 UCAB 迅速地吸水后没入水中,并且 SCAB 从水中取出后几乎不沾染水,这些现象初步表明了 SCAB 样品极高的疏水性;从样品与水滴和油滴的接触图片也可以看出置于 SCAB 上的水滴保持着良好的球形液滴状,而油滴置于 SCAB 样品上被快速地吸附,由于接触面为曲面,这里无法给出具体的接触角数据,不能判断 SCAB 是否到达超疏水,但是已经可以看出 SCAB 具有极高的选择性吸油性能,利于浮油的去除。从油水接触图中还可以看出 SCAB 在浸入油性液体(正己烷)后保持了原来的球形结构,而未改性的 UCAB 无论在与水滴还是油滴接触后纤维素气凝胶球发生明显的塌陷,这主要是由于液体浸入气凝胶网络后产生了一定的毛细管作用,使得未改性的纤维素样品中的疏松纤维素网络塌陷,同时纤维素表面羟基的大量存在又使得纤维素链在接触后产生很强的氢键作用,从而导致气凝胶网络的进一步塌陷和聚集,如图 8 – 6(c)所示,而对于 SCAB,在 OTS 改性后就通过溶剂蒸发来去除它的内部正己烷,使得它的网络结构已经达到了收缩平衡(见 SEM 分析),并且 SCAB 的表面直连烷基间的作用力又明显小于羟基,所以它在油性液体浸入后仍保持了球形结构,因此表面的疏水化处理不仅使纤维素气凝胶球可以选择性地吸附油,还使它在吸附液体时具有较高的结构稳定性,从而使其更利于重复使用。

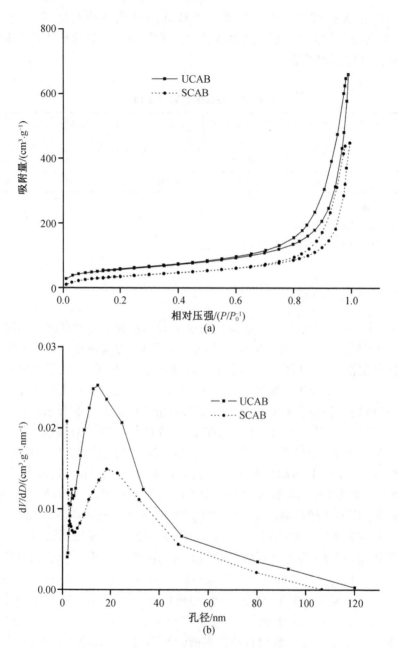

图 8 - 5　样品的 N$_2$ 吸附 - 脱附等温线和孔径分布图

（a）N$_2$ 吸附 - 脱附等温线；（b）孔径分布图

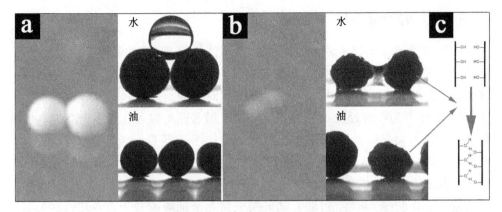

图 8 – 6　样品置于亚甲基蓝染色的水中的照片和相应的水滴或
油滴表面接触图以及 UCAB 收缩机理图

(a)SCAB；(b)UCAB；(c)UCAB 收缩机理图

8.3.6　形成机理分析

结合前文中 SCAB 和 UCAB 的 EDS 分析、红外分析、XRD 分析和 XPS 分析,疏水化纤维素气凝胶球的形成机理如图 8 – 7 所示。纤维素气凝胶球由纤维素分子凝胶聚集产生的丝网状纤维素纤维构成,这些纤维素纤维表面富含大量的羟基,OTS 与纤维素气凝胶球表面的吸附水反应生成 R—Si(OH)$_3$,一个 Si—OH 与 cellulose—OH 结合形成 Si—O—C,而相邻的 Si—OH 间又脱水缩合形成 Si—O—Si,从而使直连烷基覆盖在纤维素纤维表面,使得纤维素由亲水转变为疏水。

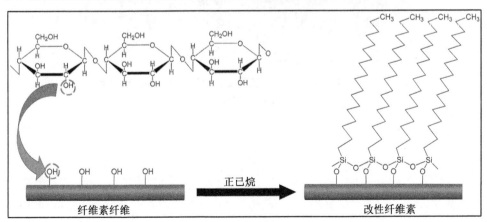

图 8 – 7　疏水化纤维素气凝胶球的形成机理

8.3.7 吸附性能分析

图 8-8 展示了 SCAB 对水面上的甲苯(用油红 O 染色)的吸附。漂浮在水面上的甲苯在 SCAB 被加入 10 s 内被快速去除,并且吸附后的 SCAB 仍稳定地保持球形漂浮在水面上。图 8-9(a)所示为 SCAB 对柴油、食用植物油(橄榄油、菜籽油)等有机溶剂的吸附效果,图中虚线为理论上被吸附物进入孔隙填充率为 100% 和 80% 时随着被吸附液体密度变化得到的理论吸附质量增重比(WG),其值为 $V_T \times \rho \times 100\%$ 和 $V_T \times \rho \times 80\%$,其中 V_T 为总孔体积。从图 8-9 中可以看出 SCAB 对不同密度的有机溶剂都有良好的吸附去除能力,吸附量 30~60 mg/g,吸附过程中孔隙填充率 80%~90%,根据文献可知无纺布的油吸附量为自身质量的 9~15 倍,聚合物吸油材料为 5~25 倍,海绵石墨烯为 20~86 倍,掺硼 CNT 海绵为 25~125 倍,CNF 气凝胶为 106~312 倍,TCF 气凝胶为 50~192 倍,与这些吸油材料相比虽然 SCAB 有着适中的油吸附量,但是在原料价格和制备工艺上具有较大的优越性。图 8-9(b)表明 SCAB 具有良好的重用性,对甲苯的吸附-脱附 5 次 SCAB 的吸附质量增重比稳定在 4 000%,并且吸附剂自身的质量也没有明显的损失,结构上也保持了稳定的球形。因此,SCAB 是一种具有良好的疏水性和结构稳定性的可悬浮、可重复利用和环境友好的浮油吸附材料。

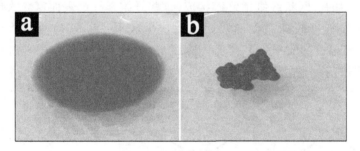

图 8-8　SCAB 对水面上的甲苯(用油红 O 染色)的吸附

(a)吸附前;(b)吸附后

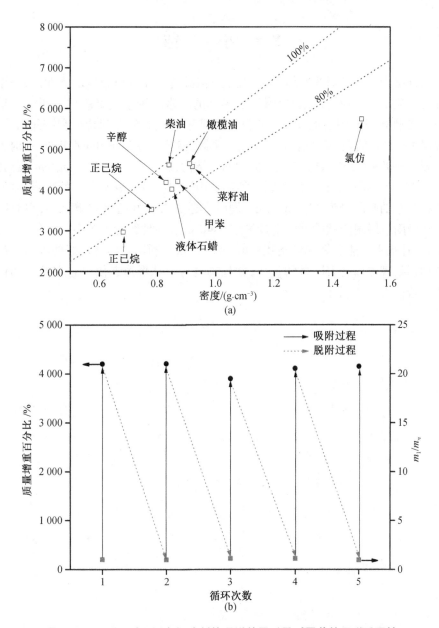

图8－9　SCAB对不同有机溶剂的吸附效果以及对甲苯的吸附重用性

（a）对不同有机溶剂的吸附效果；（b）对甲苯的吸附重用性

8.4 小 结

以纤维素气凝胶球为基体,十八烷基三氯硅烷(OTS)作为疏水改性剂,采用表面硅烷基化反应快速简洁地合成超轻、多孔的疏水纤维素气凝胶球。研究结果表明 OTS 改性剂没有明显地改变原始再生纤维素气凝胶的微观特征和结晶结构,该反应仅对纤维素的表面亲水性羟基进行了屏蔽,使其具有良好的疏水特性,同时该疏水气凝胶球仍呈现出纤维素气凝胶的丝网状结构,表观密度为 17.6 mg/cm³,总孔体积高达 56.11 cm³/g。在油脂吸附性能测试中该气凝胶球具有良好的吸附选择性,对几种油脂的吸附量为 30 ~ 60 g/g。同时它还具有良好的吸附重用性,在对甲苯的 5 次吸附 – 脱附测试中其吸附量稳定在 40 g/g,并且保持了较高的结构稳定性。因此,这种疏水性能良好、结构稳定、可悬浮、可重复利用和环境友好的吸附材料在应急油污处理方面有着明显的优势,并且其自身的球形形态使得它在储存和包装方面有着极大的便利性。

第 9 章　壳聚糖/纤维素复合气凝胶球的制备及甲醛吸附性能

9.1　概　　述

甲醛是一种在室温下无色、有强烈刺激性气味的气体,也是一种被大家所熟知的室内气体污染物,它主要来源于室内家具涂料、地板材料、墙纸以及香烟燃烧所产生的烟雾。人们长期处于浓度大于 $0.1~mg/m^3$ 的甲醛环境中会引发一系列室内空气综合征(sick building syndrome),研究表明甲醛与白血病的病发也有着显著的正相关性。因此,对于内室气体甲醛的处理关系着人们的健康和生存环境的安全。目前,吸附、催化氧化以及植物过滤等诸多手段可以用于室内甲醛污染物的处理,从经济学角度考虑,吸附法具有价格低廉和使用便捷等优势,一直是去除甲醛的主要手段,例如,新装修的房屋内通常会放置多孔活性炭颗粒来吸附甲醛。但是,传统的吸附材料不具备甲醛吸附的特异性,空气中的其他气体小分子也会占据甲醛吸附的活性位点导致吸附去除率较低,而利用多氨基材料与醛类(甲醛或乙醛)分子之间形成甲亚胺和席夫碱的化学结合,不仅可以使吸附剂对醛类污染物产生特异性吸附,同时也可以在一定程度上保证吸附剂对醛类污染物的吸附稳定性,甲醛与氨基结合形成席夫碱后,在 60 ℃下放置 2 h 也不会重新释放出甲醛。此外,考虑到人工合成高分子会对环境造成二次污染,本章实验采用来源丰富、可再生和可生物降解的氨基多糖壳聚糖作为甲醛气体吸附的功能组件,借助前面研究的纤维素气凝胶球,制备出纤维素网络包裹壳聚糖网络的复合气凝胶,并研究该气凝胶材料对气态甲醛的吸附去除能力。

9.2 实　　验

9.2.1　实验材料

壳聚糖(黏度为 55 mPa·s),脱乙酰度大于 96%,购自阿拉丁试剂;甲醛溶液(质量分数为 10%),分析纯,购自阿拉丁试剂;芦苇浆以及其他试剂参见 3.2.1 节和 2.2.1 节。

9.2.2　样品制备

参见 3.2.2 节和 3.2.3 节,采用质量浓度为 20 mg/mL 芦苇浆(盐酸－乙醇酸解预处理 2 h)纤维素溶液制备出球形纤维素气凝胶(cellulose aerogel bead),记为 CAB。取 200 mL 该质量浓度的纤维素溶液,向其中加入 4 g 壳聚糖,在室温下搅拌混合后倒入 JML－50 立式胶体磨(研磨细度为 2 ~ 40 μm)中研磨10 min,研磨过程中通入 －5 ℃的冷却乙醇防止在高温下纤维素凝胶化析出,研磨后得到壳聚糖悬浊液,将该悬浊液真空脱泡 10 min 后用 2 mL 的一次性滴管将其逐滴加入由三氯甲烷、乙酸乙酯和乙酸配制成的酸性凝固浴中,固化 10 min 后取出凝胶样品,用流动的去离子水浸泡冲洗至中性得到壳聚糖/纤维素复合水凝胶球,经过溶剂置换和冷冻干燥后得到壳聚糖/纤维素复合气凝胶球(cellulose/chitosan aerogel bead),记为 CCAB。

为了扩大 CCAB 中壳聚糖颗粒在纤维素凝胶网络中的吸附面积,在这里对上述复合水凝胶球样品进一步进行酸处理,具体如下:取 20 g 洗涤至中性的壳聚糖/纤维素复合水凝胶球,置于 100 mL 质量分数为 10% 的乙酸溶液中浸泡 1 h,然后取出放入无水乙醇中浸泡 30 min,最后经过水洗、溶剂置换和冷冻干燥后得到酸处理的壳聚糖/纤维素复合气凝胶球(cellulose/chitosan aerogel bead by acid treating),记为 CCAB－A。纤维素水凝胶球也采用该法处理,得到酸处理的纤维素气凝胶球作为参照样品,记为 CAB－A。

9.2.3　样品表征

样品的 SEM 表征、红外表征、XPS 表征和 BET 表征参见 2.2.3 节、3.2.4 节和8.2.3 节。

9.2.4　气态甲醛吸附性能表征

样品的甲醛吸附性能在室温下测定采用如图 9－1 所示的自制装置,该装置包含一个体积约为 5 L 的棕色瓶用于装载气态甲醛。在进行甲醛吸附测试前所有的样品先在温度为 100 ℃、真空度为 200 Pa 的真空烘箱中干燥 12 h,除去样品中吸附性小分子,然后将 10 mg 样品用定性滤纸(孔径和直径分别为 15 ~ 20 μm 和 15 cm)包裹悬挂在棕色瓶的内部。关闭进气阀,打开真空泵将气室排空,然后注入 8 μL 质量分数为 10% 的甲醛溶液使其在低压下汽化,并通入氮气调节气室压力到外界大气压力(即真空表读数为 0),样品吸附一定时间后,将 2 mL 质量浓度为 3.0 g/L 的 2,4 - 二硝基苯肼(DNPH)溶液和 2 mL 乙腈加入气体采样管中,通入一定体积的氢气将气室内的甲醛气体排入采样管中与 DNPH 形成 DNPH - 甲醛加合物,将吸收剂转移到 10 mL 容量瓶中用乙腈定容,采用高效液相色谱法(hig performance liquid chromatography,HPLC)对吸收剂中的甲醛加合物浓度进行测量,其中以 C18 键合硅胶为固定相,以乙腈 - 水(体积比 60:40)为流动相,UV 检测波长为 360 nm,依据测得的加合物与标准甲醛溶液(100 mg/L) - DNPH 加合物的 HPLC 峰面积比求出吸附剂中的甲醛含量,从而得出此时气室内的甲醛的浓度。根据以上方法分别测出样品在 30 min、60 min、120 min、180 min 和 300 min 下气室内甲醛的浓度,并且每个样品测试 3 次。

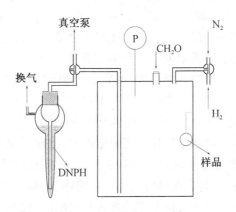

图 9 - 1　甲醛吸附装置图

9.3　实验结果与分析

9.3.1　宏观形态和微观形貌分析

图9-2为样品的表观照片。从图9-2中可以看出纤维素气凝胶球样品CAB、包裹壳聚糖颗粒的CCAB以及两者所对应的酸处理样品都具有均匀的球形形态,但是它们的粒径大小又有较大的差异,CAB、CAB-A、CCAB和CCAB-A的平均粒径分别为(2.67±0.01)mm、(2.47±0.02)mm、(2.79±0.05)mm和(3.34±0.05)mm,掺杂壳聚糖的样品的粒径大于相应的纤维素气凝胶球的粒径,即CCAB粒径大于CAB粒径、CAB-A粒径大于CCAB-A粒径,这是纤维素溶液中添加壳聚糖以后单位体积内所包含的固含量增大,在凝胶过程中液滴的收缩阻力也随之增大所致。此外,酸处理对CAB和CCAB产生了两种截然不同的效果。经过酸处理过程CAB体积减小而CCAB体积增大,这主要是由于在酸性条件下纤维素凝胶球中纤维素分子链间的氢键作用增强使纤维素网络紧缩。将图9-3(e)和图9-3(f)所示的内部网络结构进行对比可以发现,在CAB-A的纤维素网络中孔隙较为松散并且出现了片层状聚集,而CCAB在酸性溶液中浸泡,纤维素网络中包裹的壳聚糖会逐步溶解,但是由于纤维素网络的限制壳聚糖分子不能自由运动或者从凝胶中流出,而是在纤维素网络中不断膨胀,所以该过程使CCAB的体积增大,具体可参见机理分析。将图9-3(g)和图9-3(h)进行对比也可以发现这一过程对CCAB微观结构的影响,CCAB的内部网络上出现了较多黏附和包裹的壳聚糖颗粒,而经过酸处理后内部结构中颗粒状壳聚糖消失,出现了局部密集的三维网状壳聚糖,同时在壳聚糖溶解膨胀过程中凝胶表面也出现部分开裂,如图9-3(c)和图9-3(d)所示。从它们的表面形貌上可以发现样品表面都存在丰富的可与内部网络相连通的孔洞,这样利于气体分子的进入和内部网络的吸附。

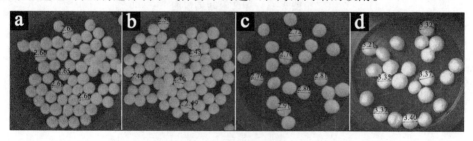

图9-2　样品的表观照片
(a)CAB;(b)CAB-A;(c)CCAB;(d)CCAB-A

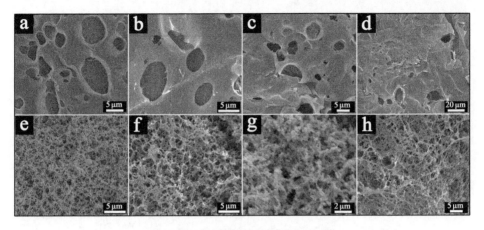

图9-3　样品表面和内部的 SEM 图
(a)CAB 表面;(b)CAB - A 表面;(c)CCAB 表面;(d)CCAB - A 表面;
(e)CAB 内部;(f)CAB - A 内部;(g)CCAB 内部;(h)CCAB - A 内部

9.3.2　红外分析

图9-4为样品和壳聚糖的红外光谱图,从图中可以看出在壳聚糖和纤维素的复合凝胶中两者主要是通过氢键和分子间作用力结合在一起的,没有发生明显的化学反应。其中,壳聚糖在 3 330 cm^{-1}附近的宽峰为 O—H 和 N—H 伸缩振动吸收峰,1 670 cm^{-1}和 1 600 cm^{-1}分别对应壳聚糖中 amide I的 C $=$ O 伸缩振动吸收峰和 amide II的 C—N 伸缩振动吸收峰与 N—H 弯曲振动吸收峰;对于纤维素,3 363 cm^{-1}为其 O—H 的伸缩振动吸收峰,1 647 cm^{-1}为 C—O—H 键中 C—O 的伸缩振动吸收峰。在 CCAB 和 CCAB - A 中这两种原料的特征吸收峰都存在,说明了壳聚糖在纤维素气凝胶中的引入。同样经过酸处理过程,纤维素样品 CAB 和 CAB - A 以及混合样品 CCAB 和 CCAB - A 的红外吸收峰也没有变化,说明酸处理仅使样品的宏观形态和微观形貌发生改变,没有化学反应发生。

9.3.3　XPS 分析

图9-5为壳聚糖、CCAB 和 CCAB - A 的 XPS 宽带扫描能谱和 N1s 高分辨能谱。在本部分将对酸处理前后壳聚糖/纤维素复合气凝胶球的表面氮元素含量以及壳聚糖分布情况进行分析和推断,从图9-5中可以看出壳聚糖、CCAB 和 CCAB - A 在 533 eV、400 eV 和 285 eV 都出现了 O1s、N1s 和 C1s 的特征峰,这与纤维素和壳聚糖原料的元素构成一致,但是随着壳聚糖含量的变化,它们的 N 元素比例也产生了一定的差异,CCAB 和 CCAB - A 的 N 元素含量都小于壳聚糖原料,而通过酸

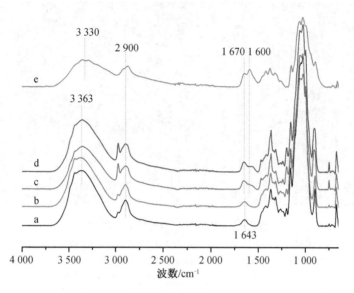

图9-4 样品和壳聚糖的红外光谱图

(a)CAB;(b)CAB-A;(c)CCAB;(d)CCAB-A;(e)壳聚糖

处理 CCAB-A 的表面 N 元素含量较 CCAB 又有所增加,见表 9-1,结合 CCAB-A 体积的增大与壳聚糖颗粒的消失可以进一步说明 CCAB 网络中的壳聚糖在酸性条件下溶解膨胀从而导致壳聚糖在纤维素凝胶网络中的分散范围增大。通过 N 元素高分辨能谱可以看出它们的 N 元素的化学态也有所差异,其中 399.8 eV 和 401.8 eV 分别对应 $N—H_2$ 和 $N—H_3^+$,对于壳聚糖其 N 元素主要以 $N—H_2$ 的形式存在,而 CCAB 中 N 出现了 4.4% $N—H_3^+$ 的形态,经过酸处理的 CCAB-A 的 $N—H_3^+$ 又有增加,约占总 N 含量的 9.5%,虽然在 CCAB 和 CCAB-A 的制备过程中都有充分洗涤步骤,但是这种 NH_3^+ 的产生和部分保留也侧面说明了 CCAB 的体积膨大主要是在酸处理过程中产生了大量具有正电排斥性的 NH_3^+ 所致。

表9-1 样品的表面元素

样品	从 XPS 得到的原子表面浓度		
	C	N	O
壳聚糖	69.38%	4.25%	26.38%
CCAB	55.71%	2.43%	41.85%
CCAB-A	57.93%	2.95%	39.12%

9.3.4　孔隙结构分析

图 9 - 6 为 CAB、CAB - A、CCAB 和 CCAB - A 的 N_2 吸附 - 脱附等温线和孔径分布图,根据 IUPAC 的规定这 4 种气凝胶球的 N_2 吸附 - 脱附等温线都为 Ⅳ 型,且具有 H1 型滞留环,同时可以发现滞留环形成在较大 P/P_0 的位置,因此可以推测该材料具有丰富的中孔和大孔,并且滞留环积分差值的变化与样品的宏观体积变化相似,即 CAB 大于 CAB - A、CCAB 大于 CCAB - A。结合表 9 - 1 给出的孔隙结构特征数据可以看出样品在酸处理后 CAB 网络密集化而 CCAB 网络微细化,因此 CAB 比表面积从初始的 273.7 m^2/g 降低到 238.1 m^2/g,CCAB 的比表面积从 173.0 m^2/g 提升到 1 350.7 m^2/g。同时,这两种样品在酸处理前后其孔体积也产生相应差异,其中,CAB 的中孔体积从 1.367 cm^3/g 降低到1.036 cm^3/g,而 CCAB 的中孔体积从 0.623 cm^3/g 增加到 4.511 cm^3/g。由图 9 - 6(b) 可以发现 CAB 的网络收缩过程使部分大孔径转变成较小孔径,而在 CCAB 内壳聚糖凝胶网络的生成过程中交织形成了许多新的孔使其孔隙结构更加丰富。以上孔结构的变化可以初步说明酸处理有助于 CCAB 网络化,从而更利于壳聚糖分子对气态甲醛分子的捕捉和吸附。

表 9 - 2　样品的孔隙结构特征

样品	BET 表面积 /$(m^2 \cdot g^{-1})$	BJH 吸附平均孔径/nm	微孔体积[①] /$(cm^3 \cdot g^{-1})$	中孔体积[②] /$(cm^3 \cdot g^{-1})$	总孔体积[③] /$(cm^3 \cdot g^{-1})$
CAB	273.7	12.64	0.005 8	1.367	49.55
CAB - A	238.1	10.49	0.005 6	1.036	40.14
CCAB	173.0	13.91	0.001 7	0.623	31.66
CCAB - A	1 350.7	12.83	0.043 5	4.511	53.90

① 根据 N_2 吸附 t - plot 曲线拟合确定。
② 根据 N_2 吸附测量确定。
③ 根据再生纤维素的平均密度(1.475 g/cm^3)计算。

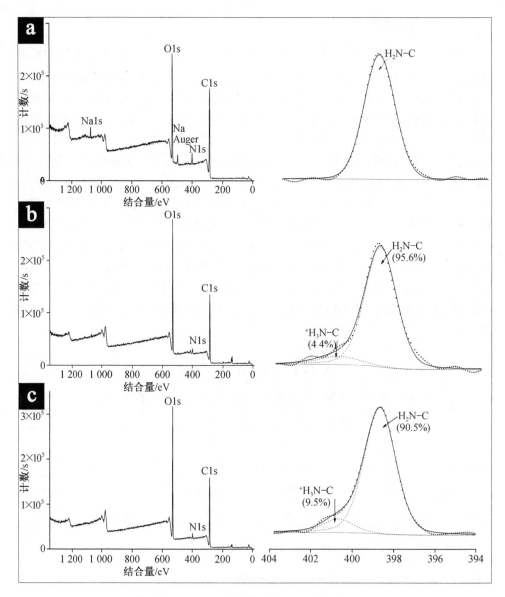

图 9－5　XPS 宽带扫描能谱和 N1s 高分辨能谱

（a）壳聚糖；（b）CCAB；（c）CCAB－A

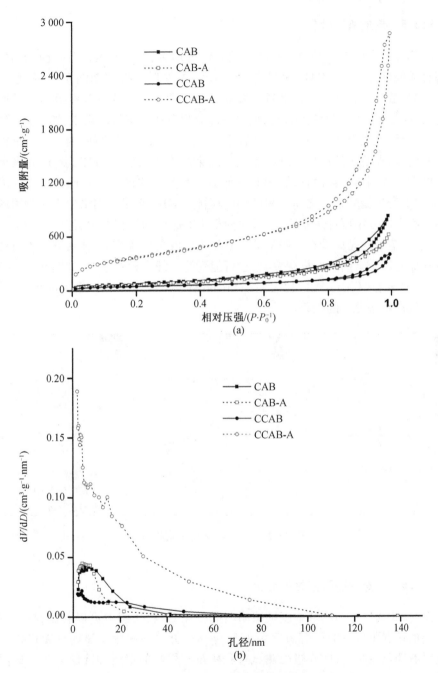

图 9-6 样品的 N₂ 吸附-脱附等温线和孔径分布图

(a)N₂ 吸附-脱附等温线;(b)孔径分布图

9.3.5 形成机理分析

本部分结合前文中 CCAB – A 的体积、微观形貌、表面元素以及孔隙结构的变化解释酸处理过程对 CCAB 的影响。CCAB – A 的形成机理如图 9 – 7 所示。首先,研磨分散的壳聚糖颗粒在纤维素凝胶过程中通过氢键作用与纤维素凝胶网络结合,一部分被纤维素网络所包裹,而另一部分附着在纤维素网络中,如图 9 – 7(a)所示。然后,洗涤干净的该凝胶球被置于乙酸溶液中,纤维素凝胶内部的壳聚糖颗粒开始溶解,在溶解的过程中纤维素网络的束缚作用又使得高分子量的壳聚糖分子不能在凝胶网络中自由移动,因此只能通过水分子的进入来降低凝胶内外的渗透势,加上壳聚糖分子链之间—NH_3^+ 的电荷排斥作用,纤维素网络中壳聚糖溶解区域体积膨大向外挤压纤维素网络,最终使整个凝胶球的体积变大,如图 9 – 7(b)所示。最后,溶解的壳聚糖在乙醇溶液中凝胶化形成壳聚糖网络,壳聚糖网络可能一部分在原先纤维素网络中搭建穿插,也可能附着在纤维素网络上,如图 9 – 7(c)所示,这样就导致 CCAB – A 的比表面积和中孔体积较 CCAB 有了很大的提高,更有利于对气态甲醛分子的吸附。

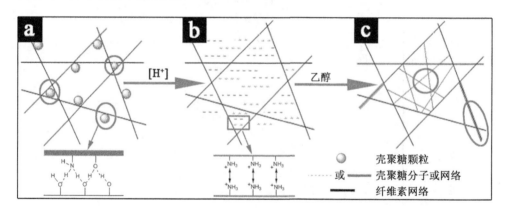

图 9 – 7 CCAB – A 的形成机理

9.3.6 气态甲醛吸附性能分析

图 9 – 8 为气室内甲醛浓度随吸附时间变化曲线,从图中可以看出,在不放置吸附剂的情况下气室的甲醛浓度为 118 mg/m³,并且在吸附测试时间范围内甲醛浓度没有明显变化,表明在吸附测试过程中没有甲醛的泄露和降解。为了表明制备样品对甲醛的吸附能力,在这里采用椰壳活性炭(GAC,购自北京沃特利源环保科技有限公司,比表面积和孔体积分别为 590 ~ 1 500 m²/g 和 0.7 ~ 1 cm³/g)作为对

比样品。在气室内放入椰壳活性炭 1 h 内甲醛浓度从 118 mg/m³ 降低到 100 mg/m³（为初始值的 84.7%），CAB、CAB – A、CCAB 和 CCAB – A 在 1 h 左右分别使气室内甲醛浓度降低到 85 mg/m³、109 mg/m³、79 mg/m³ 和 29 mg/m³，依次为初始甲醛浓度的 72.0%、92.4%、66.9% 和 24.6%，根据 $q = \Delta c \times 5/(22.4 \times m_0)$ 粗略求得甲醛的吸附量，见表 9 – 3，其中 Δc 为体系浓度降低值，m_0 为吸附剂质量，从甲醛吸附量的变化上也可以看出 CCAB – A 有最大的甲醛吸附量，为 1.99 mmol/g，与活性炭材料相比它是一种高效的气态甲醛吸附材料。

表 9 – 3　甲醛的吸附量

样品	$q/(\text{mmol} \cdot \text{g}^{-1})$
GAC	0.39
CAB	0.74
CAB – A	0.20
CCAB	0.87
CCAB – A	1.99

如图 9 – 9 所示，CCAB 在吸附甲醛后其在 3 440 cm⁻¹ 处 N—H 伸缩振动吸收峰、1 670 cm⁻¹ 处 C＝O 弯曲振动吸收峰以及 1 600 cm⁻¹ 处 N—H 弯曲振动吸收峰有明显的遮盖和重叠，很难判断壳聚糖中氨基是否参与了对甲醛的吸附，因此这里采用相同测试比例下吸附前后红外光谱的差值进行说明，可以发现在 1 670 cm⁻¹ 处出现了正的峰值差值，这可以归因于壳聚糖与甲醛分子的亲和加成反应形成的 C＝N，而在 1 030 cm⁻¹ 处也出现了较强的正峰差值，这是 C—N 键的形成所致，由于席夫碱脱水前的甲醇胺很容易与相邻—OH 通过分子内氢键形成较为稳定的五元环，因此该结构在吸附后的产物中大量稳定存在。以上内容可以说明纤维素/壳聚糖复合气凝胶球对气态甲醛化学吸附部分依靠壳聚糖中的伯氨基团与甲醛形成的甲醇胺和席夫碱的形成。

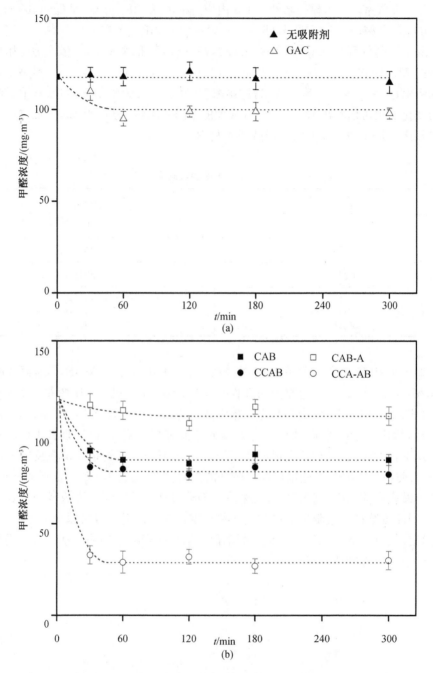

图9-8 气室内甲醛浓度随吸附时间变化曲线

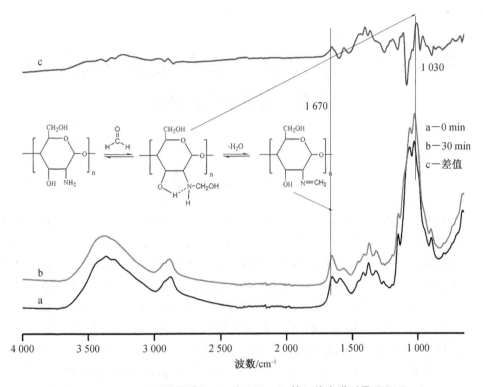

图 9 - 9　CCAB - A 吸附甲醛 0 min 和 300 min 的红外光谱以及 CCAB - A 吸附甲醛前后的红外光谱差值

9.4　小　　结

　　采用 pH 值反转的滴液 - 悬浮凝胶法和乙酸处理过程成功制备出纤维素网络包裹壳聚糖网络的气凝胶球,该气凝胶球有着极丰富的孔隙结构和极小表观密度,其比表面积和中孔体积分别为 $1\ 350.7\ m^2/g$ 和 $4.511\ cm^3/g$,在该气凝胶球内部纤维素分子和壳聚糖分子通过氢键聚集缠绕在一起,整个过程是物理凝胶过程,没有化学交联反应的发生,同时该凝胶球比未经过乙酸处理的壳聚糖/纤维素复合凝胶球的伯氨基分布范围广,更利于基于 NH_2 作用的气态吸附过程。经过气态甲醛吸附测试,在 $118\ mg/m^3$ 的甲醛气氛中 CCAB - A 的甲醛吸附量为 $1.99\ mmol/g$,去除率为 75.4%,远远大于相同用量的椰壳活性炭吸附剂,并且在该壳聚糖/纤维素复合气凝胶球中甲醛分子与壳聚糖中的伯氨基形成了甲亚胺和席夫碱的化学结合保证了该吸附作用的稳定性和选择性,因此该材料可以作为一种绿色环保且能高效去除气态甲醛的吸附材料。

第 10 章　疏水纤维素气凝胶的制备及油性试剂吸附性能

10.1　概　　述

纤维素气凝胶作为第 3 代气凝胶,具有传统气凝胶的性能之外,还将纤维素本身具有的优异性能引入其中,这些特点使得纤维素气凝胶的应用更为广泛。本章实验以微晶纤维素为原料,以 NaOH/尿素/水体系为溶剂,通过溶胶凝胶法和冷冻干燥方法制备纤维素气凝胶并探讨其性能。疏水材料具有防水和低黏附这两个优良特性,在防水、自清洁等领域内被应用得很广泛;疏水材料还可以简单地进行油水分离工作,经过一系列处理,可以达到超疏水或者超亲油的状态,更好地提高油水分离的效率;另外,可以将疏水材料构建成梯度粗糙表面,实现水滴的自发运输,在微机电系统中得到更好的运用;温度、pH 值、光照等外部条件会对疏水表面有一定的影响,可以利用这一特点来实现对这些参数的监控以及调整。

10.2　实　　验

10.2.1　实验材料与仪器

实验材料见表 10 – 1。

表 10 – 1　实验材料

药品名称	纯度	厂家
微晶纤维素	分析纯	上海恒信化学试剂有限公司
氢氧化钠	分析纯	天津市天力化学试剂有限公司
尿素	分析纯	天津市东丽区天大化学试剂厂
无水乙醇	分析纯	天津市富宇精细化工有限公司

表 10 - 1(续)

药品名称	纯度	厂家
叔丁醇	分析纯	天津市天力化学试剂有限公司
正己烷	分析纯	天津市富宇精细化工有限公司
十八烷基三氯硅烷(OTS)	分析纯	梯希爱(上海)化成工业发展有限公司
液体石蜡	化学纯	汕头市西陇化工厂有限公司
油红	分析纯	上海紫一试剂厂

实验仪器见表 10 - 2。

表 10 - 2　实验仪器

仪器名称	生产厂家
HH - 4 数显恒温水浴锅	常州丹瑞实验仪器设备有限公司
FD - 1A - 50 型冷冻干燥机	北京博医康实验仪器有限公司
MAGNA - IR560 型傅里叶变换红外光谱仪	美国 NICOLET 仪器有限公司
JSM·7500F 型扫描电子显微镜(SEM)	日本 JEOL 公司
D/MAX - RB 型 X 射线衍射仪	日本理学(RIGAKU)仪器有限公司
JW - BK132F 型比表面积及孔径分析仪	北京精微高博科学有限公司
101 - 2A 型电热鼓风干燥箱	天津泰斯特仪器有限公司
JC2000C 型接触角测量仪	上海中晨数字技术设备有限公司
X - MAX^N 型大面积 SDD 能谱议	英国牛津仪器有限公司

10.2.2　方法

1. 纤维素气凝胶的制备

100 mL 的 NaOH/尿素/水(质量比 7∶12∶81)体系在冷冻条件下分别对 1 g、1.5 g、2 g、2.5 g、3 g、3.5 g 微晶纤维素进行溶解,机械搅拌至溶液透明,得到再生纤维素溶液。取一定量的上述溶液滴加到小烧杯中,75 ℃水浴成形。蒸馏水清洗直至中性,再用无水乙醇、叔丁醇对纤维素气凝胶进行溶剂置换,采用冷冻干燥方法得到编号为 X - 1、X - 2、X - 3、X - 4、X - 5 和 X - 6 的纤维素气凝胶。

2.疏水纤维素气凝胶的制备

取 5 块制备好的 X-3 分别浸泡在体积分数为 0.5%、1%、1.5%、2%、2.5% 的 OTS-正己烷溶液中,随后利用正己烷对纤维素气凝胶进行多次清洗,40 ℃烘干,分别得到编号为 B-1、B-2、B-3、B-4、B-5 的疏水纤维素气凝胶。

10.2.3　样品表征

采用日本 JEOL 公司的 JSM·7500F 型扫描电子显微镜(SEM)对纤维素气凝胶及疏水改性后的纤维素气凝胶的微观形貌进行观察;采用日本理学(RIGAKU)公司的 D/MAX-RB 型 X 射线衍射(XRD)仪对纤维素气凝胶的结晶结构进行表征,测试采用铜靶,射线波长为 0.154 nm,扫描角度(2θ)范围为 5°~80°,扫描速度为 5 (°)/min,步距0.02°,管电压为 40 kV,管电流为 30 mA;采用美国 NICOLET 仪器有限公司的 MAGNA-IR560 型傅里叶变换红外光谱仪对纤维素气凝胶及疏水改性后的纤维素气凝胶的红外光谱进行测定,测试波长范围 650~4 000 cm^{-1};采用北京精微高博科学有限公司的 JW-BK132F 型比表面积及孔径分析仪对纤维素气凝胶的比表面积及孔径进行表征;采用英国牛津仪器有限公司的 X-MAX^N 型大面积 SDD 能谱仪对疏水纤维素气凝胶元素组成进行分析;采用上海中晨数字技术设备有限公司的 JC2000C 型接触角测量仪对疏水纤维素气凝胶的接触角进行测定。

10.3　实验结果与分析

10.3.1　宏观形态与微观形貌分析

1.宏观形态分析

图 10-1 为纤维素气凝胶的宏观形态图。纤维素气凝胶形成温度为 75 ℃,干燥过程为冷冻干燥。由于模具为圆形小烧杯,因此制备的纤维素气凝胶呈现圆柱状。

图 10-1　纤维素气凝胶的宏观形态图

2. 微观形貌分析

图 10 – 2 为 6 种纤维素气凝胶的 SEM 图。由图 10 – 2 可以看出,所有纤维素气凝胶均形成了一种疏松多孔的网状结构,但是 X – 5 和 X – 6 的网状结构没有 X – 1 至 X – 4 清晰,这是由于 3 g 和 3.5 g 微晶纤维素在 100 mL 的 NaOH/尿素/水溶液中溶解得不够彻底。

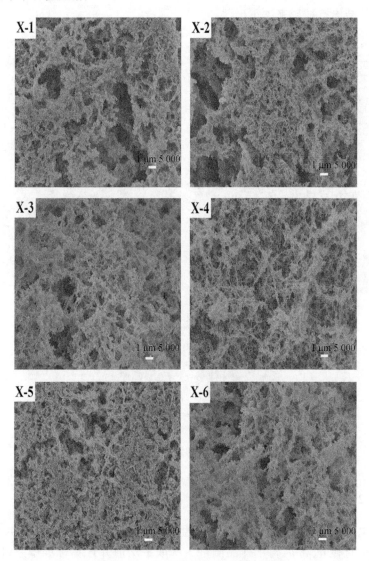

图 10 – 2　纤维素气凝胶的 SEM 图

  图 10 - 3 为疏水纤维素气凝胶的 SEM 图。由图 10 - 3 可以看出,疏水纤维素气凝胶与纤维素气凝胶结构同样都是网状结构,不同的则是网状结构空隙的大小,疏水纤维素气凝胶的空隙较纤维素气凝胶的小。疏水处理引入的疏水烷基基本覆盖了纤维表面,使得网状结构空隙变小。随着 OTS 试剂用量的增加,B - 1 至 B - 5 网状结构中空隙逐渐变小,也说明引入的疏水烷基越多,占据的位置越多,使得纤维素本身的结构空隙越来越小。

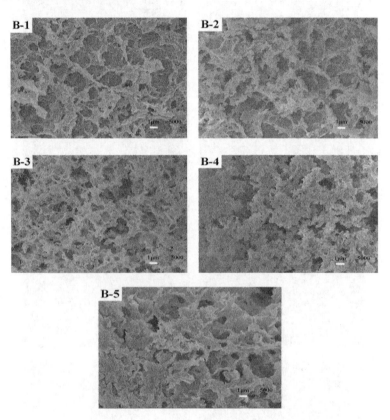

图 10 - 3 疏水纤维素气凝胶的 SEM 图

10.3.2 密度分析

  利用电子天平称取圆柱体纤维素气凝胶质量,记为 m,利用游标卡尺测量纤维素气凝胶的直径 d、高 h,每个样品测量 3 次取平均值并计算标准偏差,体积为 V。纤维素气凝胶密度(ρ)为

$$\rho = \frac{m}{V}$$

表 10 - 3 为 6 种纤维素气凝胶的直径与密度。密度波动范围 0.032 2 ～ 0.047 8 g/cm³。

表 10 - 3　6 种纤维素气凝胶的直径与密度

编号	平均直径/nm	密度/(g · cm⁻³)
X - 1	7.32	0.032 2 ±0.001 62
X - 2	6.19	0.040 8 ±0.001 36
X - 3	5.53	0.039 1 ±0.003 57
X - 4	7.46	0.039 7 ±0.000 70
X - 5	6.52	0.042 7 ±0.001 53
X - 6	7.57	0.047 8 ±0.001 17

10.3.3　XRD 分析

图 10 - 4 为晶面纤维素气凝胶的 XRD 图。原料微晶纤维素在 $2\theta = 14.94°$、$2\theta = 16.42°$、$2\theta = 22.72°$ 处对应的晶面(101)、($10\dot{1}$)和(002)为 I 型纤维素的衍射峰。纤维素气凝胶在 $2\theta = 12.04°$、$2\theta = 19.96°$、$2\theta = 21.89°$ 处对应的晶面($1\dot{0}1$)、(101)和(002)为 II 型纤维素的衍射峰。

10.3.4　红外分析

图 10 - 5 为纤维素气凝胶的红外光谱图。由图 10 - 5 可知,6 种样品在 3 341 cm⁻¹、2 894 cm⁻¹、1 648 cm⁻¹、1 366 cm⁻¹、1 157 cm⁻¹、1 022 cm⁻¹、895 cm⁻¹ 处都有吸收峰出现,属于 II 型纤维素。其中,3 341 cm⁻¹ 处为—OH 的伸缩振动吸收峰,2 894 cm⁻¹ 处为 C—H 的对称伸缩振动吸收峰,1 648 cm⁻¹ 处为 H_2O 的吸收峰,1 366 cm⁻¹ 处为 CH_2 剪切振动的弱小峰,1 157 cm⁻¹ 处为 C—H 的对称伸缩振动吸收峰,1 022 cm⁻¹ 处为纤维素中 C—C 骨架的伸缩振动吸收峰,895 cm⁻¹ 处的吸收峰为纤维素异头碳(C_1)的振动频率。

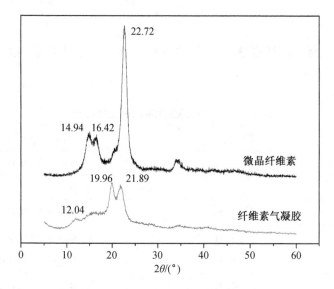

图 10 - 4　纤维素气凝胶的 XRD 图

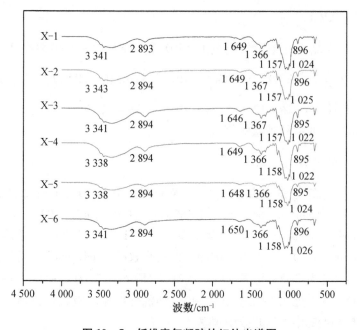

图 10 - 5　纤维素气凝胶的红外光谱图

图 10 - 6 为疏水纤维素气凝胶的红外光谱图。由图 10 - 6 可知,疏水纤维素气凝胶的红外光谱图在 3 340 cm^{-1}、2 918 cm^{-1}、1 468 cm^{-1}、1 376 cm^{-1}、1 060 cm^{-1}、895 cm^{-1}处与纤维素气凝胶的红外光谱图相似,同样属于 II 型纤维素。十八烷基三氯硅烷的吸收峰位于 2 851 cm^{-1}处。

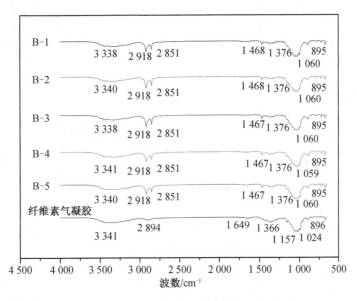

图 10 - 6　疏水纤维素气凝胶的红外光谱图

10.3.5　孔隙结构分析

图 10 - 7 为纤维素气凝胶的 N$_2$ 吸附 - 脱附等温线和孔径分布图。根据 IUPAC 的规定和图 10 - 7 可知,6 种纤维素气凝胶的 N$_2$ 吸附 - 脱附等线都属于 IV 型。IV 型即毛细凝结即吸附的滞后现象,吸附 - 脱附等温线中吸附曲线与脱附曲线不重合从而形成了滞留环,多发生在中孔吸附过程中。6 种样品均具有典型的 H3 型滞留环,吸附量随着压力的增加而单调递增,说明 6 种样品都属于具有狭长裂口型孔状结构的材料。

表 10 - 4 为纤维素气凝胶的孔隙结构特征。由表 10 - 4 可以看出,纤维素气凝胶的比表面积为 169 ~ 358 m^2/g,孔径均低于 20 nm。

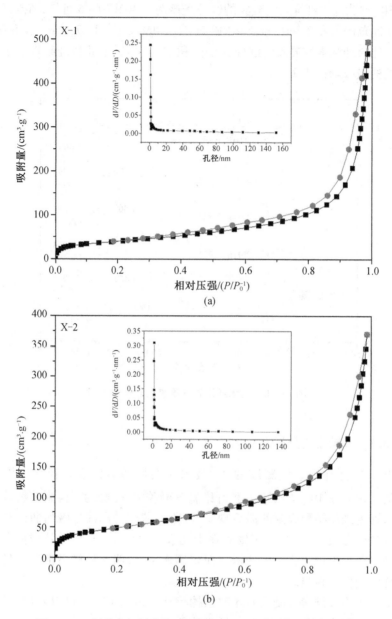

图 10 - 7　纤维素气凝胶的 N_2 吸附 - 脱附等温线和孔径分布图

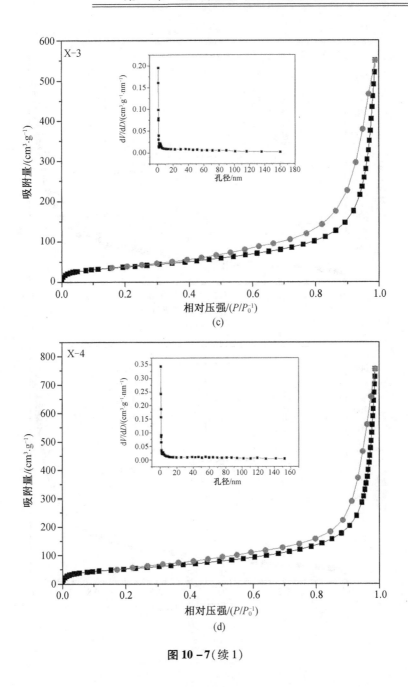

图 10 - 7(续 1)

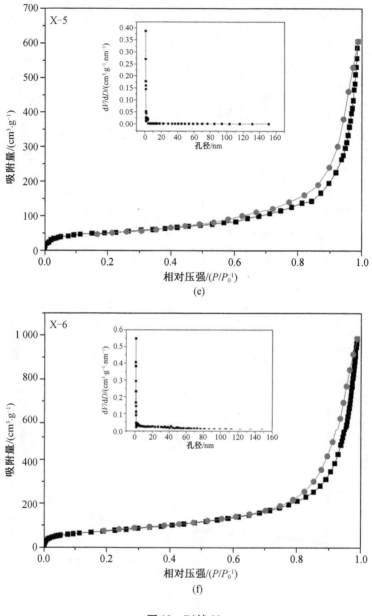

图 10 −7(续 2)

表 10 – 4　纤维素气凝胶的孔隙结构特征

样品	比表面积/($m^2 \cdot g^{-1}$)	孔体积/($cm^3 \cdot g^{-1}$)	孔径/nm
X – 1	169.29	0.783 8	18.52
X – 2	208.02	0.594 6	11.43
X – 3	182.12	0.881 1	19.35
X – 4	233.11	1.199 8	20.59
X – 5	210.47	0.958 2	17.85
X – 6	358.07	1.582 0	17.67

10.3.6　疏水纤维素气凝胶元素分析

图 10 – 8 为疏水纤维素气凝胶的能谱图。由图 10 – 8 可以看出,疏水纤维素气凝胶中含有碳、氧、硅、氯元素,说明十八烷基三氯硅烷改性成功,与电镜图符合。

表 10 – 5 为疏水性纤维素气凝胶的能谱元素分析,表中各个元素的含量百分比代表图 10 – 8 中测试部分的元素构成。由表 10 – 5 可知,疏水性纤维素复合气凝胶中有硅、氯元素。

表 10 – 5　疏水性纤维素气凝胶的能谱元素分析

样品	质量/%				原子/%			
	C	O	Si	Cl	C	O	Si	Cl
B – 1	55.58	39.84	3.21	1.37	63.65	34.25	1.57	0.53
B – 2	55.97	38.67	4.24	1.12	64.19	33.29	2.08	0.44
B – 3	57.33	38.58	3.78	0.31	65.14	32.91	1.84	0.12
B – 4	58.33	38.50	2.25	0.92	65.90	32.66	1.09	0.35
B – 5	62.82	27.27	2.87	7.04	72.28	28.56	1.41	2.74

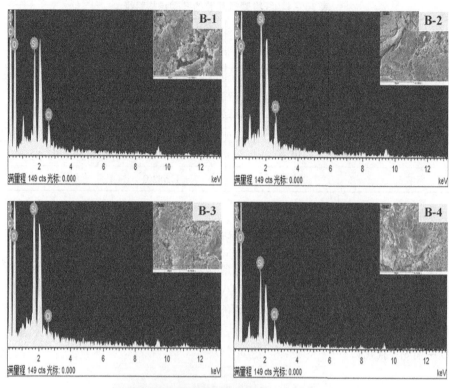

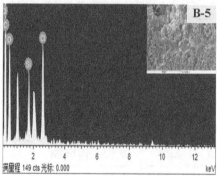

图 10 − 8　疏水纤维素气凝胶的能谱图

10.3.7　接触角分析

图 10 - 9 为疏水纤维素气凝胶的接触角图。由图 10 - 9 可知,5 种疏水纤维素气凝胶样品均达到疏水状态。十八烷基三氯硅烷(OTS)与纤维素气凝胶表面的羟基反应,在纤维素表面形成一层 OTS 膜。因此,疏水纤维素气凝胶疏水性能较好,且随着 OTS 用量的增多,接触角逐渐增大。

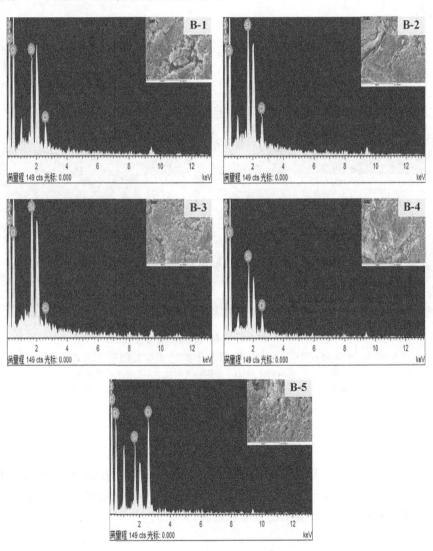

图 10 - 9　疏水纤维素气凝胶的接触角图

10.3.8 疏水性分析

图 10 - 10 为 B - 5 疏水纤维素气凝胶吸附油性试剂。油性试剂为液体石蜡,用油红进行染色。由图 10 - 10 可知,疏水纤维素气凝胶一直对油性试剂进行吸附,直到将油性试剂全部吸附,最后浮在水的表面不再进行吸附。这一研究表示,疏水纤维素气凝胶具有良好的疏水性能,可以在水油共存的状态下选择性吸附油性试剂。

图 10 - 10　疏水纤维素气凝胶吸附油性试剂

A—染色后的液体石蜡浮在水表面;B—疏水纤维素气凝胶在液体石蜡中进行吸附;
C—吸附进行状态的俯视图;D—吸附一段时间之后,液体石蜡减少;
E—吸附结束后,液体石蜡全部被吸收;F—吸附结束状态的俯视图

10.4　小　　结

(1)再生纤维素气凝胶由微晶纤维素通过溶胶凝胶方法制备而成。SEM、XRD、红外、能谱表征分析均显示不同比例的纤维素气凝胶均呈现三维网状结构。BET 结果显示纤维素气凝胶的比表面积较大,孔径较小。

（2）利用不同浓度的十八烷基三氯硅烷/正己烷溶液对纤维素气凝胶进行疏水修饰，SEM、能谱（EDAX）、红外分析表明改性后的纤维素气凝胶微观结构没有改变，十八烷基三氯硅烷覆盖了整个纤维表面，构成了疏水结构。接触角结果说明所有气凝胶均达到疏水状态，且随着十八烷基三氯硅烷含量的增加，接触角逐渐增大。疏水性能研究表明疏水纤维素气凝胶具有良好的疏水及吸附性，发展前景更为广阔。

第11章 掺杂 TiO₂、SiO₂ 的纤维素气凝胶的制备及亲水吸附性能

11.1 概　　述

接触角 θ 小于90°都可以称之为亲水,小于5°的则称之为超亲水,超亲水表面普遍具有自清洁和防雾的功能。本章实验采用浸泡法在纤维素气凝胶中掺杂 TiO₂ 和 SiO₂ 来提高亲水性能,并对此复合纤维素气凝胶进行形貌和性能表征。

11.2 实　　验

11.2.1 实验材料与仪器

酞酸丁酯,分析纯,购自天津市科密欧化学试剂有限公司;冰醋酸,分析纯,购自天津市富宇精细化工有限公司;硝酸,分析纯,购自紫洋化工厂;正硅酸乙酯(TEOS),分析纯,购自天津市科密欧化学试剂有限公司。微晶纤维素及其他药品参见10.2.1节。

美国 FEI 公司的 Quanta200 环境扫描电子显微镜(SEM)。恒温数显水浴锅及其他仪器参见10.2.1节。

11.2.2 方法

1. 纤维素水凝胶的制备

100 mL 的 NaOH/尿素/水(质量比7∶12∶81)体系在冷冻条件下对2 g 微晶纤维素进行溶解,得到再生纤维素溶液。将再生纤维素溶液滴加到小烧杯中,75 ℃水浴成形,蒸馏水清洗直至中性。

2. TiO₂ 溶液的制备

取9 mL 的钛酸丁酯与36 mL 的95%乙醇的混合液滴加到12 mL 蒸馏水与40 mL冰醋酸溶液中,搅拌至溶液透明,陈化30 h,记为 D-1。取5 mL 的钛酸丁酯与20 mL 无水乙醇混合,向混合液中缓慢滴加5 mL 无水乙醇、5 mL 蒸馏水和1 mL

硝酸,搅拌至溶液透明,记为 D – 2。

3. 复合纤维素气凝胶的制备

将制备好的纤维素水凝胶浸泡在 50 mL 体积分数为 1.5% 的 TEOS/乙醇溶液中,置于 50 ℃ 水浴中,每 12 h 更换一次 TEOS/乙醇溶液,更换 3 次。随后分别浸泡在 D – 1 和 D – 2 溶液中,置于 50 ℃ 水浴中,每 12 h 更换一次 TiO_2 溶液,更换 3 次。分别浸泡在乙醇及叔丁醇中,最后采用冷冻干燥方法得到编号为 E – 1、E – 2 的复合纤维素气凝胶。

11.2.3　样品表征

采用带有 EDAX 附件的美国 FEI 公司的 Quanta200 环境扫描电子显微镜(SEM)对复合纤维素气凝胶的超微形貌和元素组成进行观察,工作电压 12.5 kV,束斑 5.0;采用日本理学(RIGAKU)仪器有限公司的 D/MAX – RB 型 X 射线衍射仪对复合纤维素气凝胶的结晶结构进行表征,测试采用铜靶,射线波长为 0.154 nm,扫描角度(2θ)范围为 5° ~ 60°,扫描速度为 5 (°)/min,步距 0.02°,管电压为 40 kV,管电流为 30 mA;采用美国 NICOLET 仪器有限公司的 MAGNA – IR560 型傅里叶变换红外光谱仪对复合纤维素气凝胶的红外光谱进行测定,测试波长范围650 ~ 4 000 cm^{-1}。

11.3　实验结果与分析

11.3.1　SEM 分析

由图 11 – 1 可以看出,复合纤维素气凝胶仍然保有原有的网状结构,由 E – 1 B 和 E – 2 B 可以看出纤维表面有小颗粒附着。

11.3.2　元素分析

图 11 – 2 为复合纤维素气凝胶的能谱,由能谱可以看出两种复合纤维素气凝胶都含有碳、氧、硅、氯元素。其中,E – 2 中硅、钛含量高于 E – 1。

11.3.3　XRD 分析

图 11 – 3 为复合纤维素气凝胶的 XRD 图,图中 E – 1 和 E – 2 均有 Ⅱ 型纤维素的衍射峰,E – 2 在 $2\theta = 25.23°$ 处还具有锐钛矿型 TiO_2 的衍射峰。E – 1 可能是由于掺杂 TiO_2 不均匀导致没有出现相应的衍射峰。

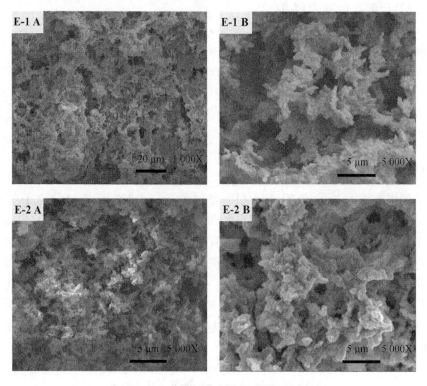

图 11 −1　复合纤维素气凝胶的 SEM 图

11.3.4　红外分析

图 11 −4 为复合纤维素气凝胶的红外光谱图。由图 11 −4 可以看出,复合纤维素气凝胶的红外光谱图在 3 340 cm^{-1}、2 918 cm^{-1}、1 468 cm^{-1}、1 376 cm^{-1}、1 060 cm^{-1}、895 cm^{-1} 处与纤维素气凝胶的红外光谱图相似,属于 Ⅱ 型纤维素。797 cm^{-1} 处为 Si—O 键的对称伸缩振动吸收峰。

11.3.5　亲水性能分析

分别取质量为 0.1 g 的纤维素气凝胶、编号为 E −1 及 E −2 的亲水改性纤维素气凝胶进行吸附对比试验,图 11 −5 为 3 种气凝胶在水中的吸附情况。

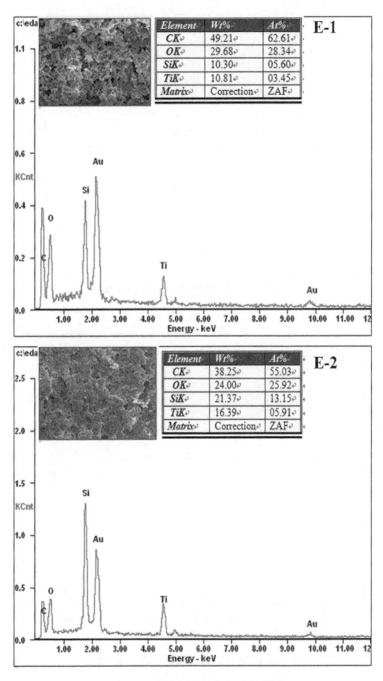

图 11 – 2　复合纤维素气凝胶的能谱

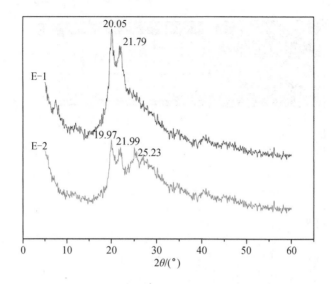

图 11 –3   复合纤维素气凝胶的 XRD 图

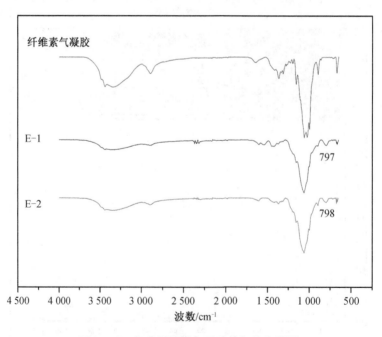

图 11 –4   复合纤维素气凝胶的红外光谱图

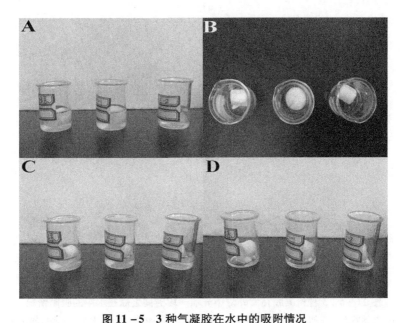

图 11 - 5　3 种气凝胶在水中的吸附情况

A—初始状态;B—初始状态的俯视图;C—吸附 3 h 之后的状态;D—吸附 5 h 之后的状态

图 11 - 6 为 3 种气凝胶在紫外灯下光照一段时间之后在水中的吸附情况。取 3 块质量为 0.1 g 的纤维素气凝胶、编号为 E - 1 和 E - 2 的亲水改性纤维素气凝胶,分别放入甲基橙溶液中进行吸附测试。由图 11 - 6 的 A、B 和 C 可以看出 E - 1 和 E - 2 中甲基橙溶液减少了一半,纤维素气凝胶使甲基橙溶液减少了三分之一; 由 D 可以看出 E - 2 已经吸附完毕,E - 1 也快将甲基橙溶液全部吸附,纤维素气凝胶还处于吸附过程中。紫外灯照射后,时间缩短了近半小时。这是由于掺杂的 TiO_2 经过紫外灯的照射,产生的电子具有较强的还原性,将 Ti^{+4} 还原成 Ti^{+3},而产生的空穴与氧离子形成活性氧自由基,表面由于缺少氧原子形成氧空位,空气中的水分子就会占据这些位置,表面形成的羟基就越多。SiO_2 的引入使得 Ti^{+3} 更稳定,提高了 TiO_2 的亲水性。E - 2 比 E - 1 吸附得要快的主要原因是 E - 2 的 TiO_2 含量较 E - 1 多,与红外分析、XRD 分析结果相对应。

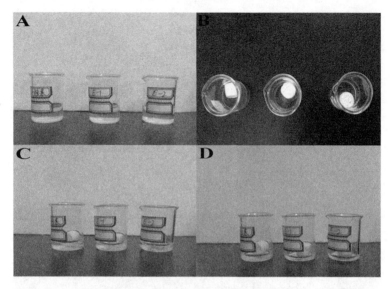

图 11-6　3 种气凝胶在紫外灯下光照一段时间之后在水中的吸附情况

A—初始状态；B—初始状态俯视图；C—吸附 3 h 之后的状态；D—吸附 4.5 h 之后的状态

11.4　小　　结

本章以微晶纤维素为原料，采用溶胶凝胶和浸泡法制备复合气凝胶。扫描电子显微镜（SEM）、X 射线衍射（XRD）、能谱（EDAX）表征分析均显示 TiO_2 和 SiO_2 掺杂成功，气凝胶的微观结构没有变化。吸附水性能测试显示复合气凝胶亲水性有了小幅度的提高，但是由于需要紫外灯照射才能使复合气凝胶的亲水性提高，这也限制了亲水性气凝胶的应用。

第12章 纤维素/氧化铁复合气凝胶的制备及疏水吸附性能

12.1 概　　述

氧化铁是一种具有良好性质的常用材料。含油污水的排放是目前需要解决的重要问题。纤维素/氧化铁复合气凝胶进行疏水改性之后可以很好地应用在吸附及油水分离等应用中。本章实验以 NaOH/尿素/H_2O 体系和微晶纤维素为原料制备再生纤维素溶液,与氧化铁溶液共混,经过再生,溶剂置换以及冷冻干燥制备再生纤维素复合气凝胶,对制备的再生纤维素复合气凝胶进行分析表征;利用十八烷基三氯硅烷进行疏水改性,并探讨氧化铁的加入对气凝胶的影响。

12.2 实　　验

12.2.1 实验材料与仪器

七水合硫酸亚铁,分析纯,购自天津市天力化学试剂有限公司;六水合氯化铁,分析纯,购自天津市天力化学试剂有限公司;氨水,分析纯,购自天津市凯通化学试剂有限公司;十八烷基三氯硅烷,分析纯,购自梯希爱(上海)化成工业发展有限公司;正己烷,分析纯,购自天津市富宇精细化工有限公司。微晶纤维素及其他药品参见 10.2.1 节。

美国 FEI 公司的 Quanta200 型环境扫描电子显微镜(SEM)。数显恒温水浴锅及其他仪器参见 10.2.1 节。

12.2.2 方法

1. 再生纤维素的制备

NaOH/尿素/H_2O(质量比为 7:12:81)体系 100 g,在冷冻条件下对 2 g 微晶纤维素进行溶解得到透明的再生纤维素溶液。

2. 氧化铁水溶液的制备

按照表 12 – 1 所列的原料配比,将七水合硫酸亚铁($FeSO_4 \cdot 7H_2O$)和六水合氯化铁($FeCl_3 \cdot 6H_2O$)及蒸馏水加入反应容器中。在 60 ℃水浴条件下进行搅拌直至均匀,滴加氨水调节反应的 pH 值为碱性,反应一定时间后升高温度继续反应 1 h,溶液降至室温后,离心洗涤至溶液呈现中性,超声波分散后得到氧化铁(Fe_2O_3)水溶液。

表 12 – 1　原料配比

编号	$m(FeSO_4 \cdot 7H_2O)/g$	$m(FeCl_3 \cdot 6H_2O)/g$
L – 1	0.069	0.135
L – 2	0.139	0.271
L – 3	0.278	0.541
L – 4	0.417	0.811

3. 纤维素/氧化铁复合气凝胶的制备

取制备好的再生纤维素溶液和编号为 L – 1 的氧化铁溶液混合,超声处理后滴加到小烧杯中,放置于水浴锅中成形,通过溶剂置换和冷冻干燥方法得到编号为 F – 1 的纤维素/氧化铁复合气凝胶。同理,制备编号为 F – 2、F – 3、F – 4 的纤维素/氧化铁复合气凝胶。

4. 疏水纤维素/氧化铁复合气凝胶的制备

利用体积分数为 1.5% 的十八烷基三氯硅烷 – 正己烷溶液对前面制备好的 4 种纤维素/氧化铁复合气凝胶进行疏水改性,得到编号为 H – 1、H – 2、H – 3、H – 4 的疏水纤维素/氧化铁复合气凝胶。

12.2.3　样品表征

采用带有 EDAX 附件的美国 FEI 公司的 Quanta200 环境扫描电子显微镜(SEM)对纤维素/氧化铁复合气凝胶和疏水纤维素/氧化铁复合气凝胶的超微形貌和元素组成进行观察,工作电压 12.5 kV,束斑 5.0;采用日本理学(RIGAKU)仪器有限公司的 D/MAX – RB 型 X 射线衍射仪对纤维素/氧化铁复合气凝胶的结晶结构进行表征,测试采用铜靶,射线波长为 0.154 nm,扫描角度(2θ)范围为 5° ~ 80°,扫描速度为 5 (°)/min,步距 0.02°,管电压为 40 kV,管电流为 30 mA;采用美国 NICOLET 仪器有限公司的 MAGNA – IR560 型傅里叶变换红外光谱仪对纤维素/氧化铁复合气凝胶的红外光谱进行测定,测试波长范围 650 ~ 4 000 cm^{-1};采用上海中晨数字技术设备有限公司的 JC2000C 型接触角测量仪对疏水纤维素/氧化铁复合气凝胶的接触角进行测定。

12.3 实验结果与分析

12.3.1 形貌分析

1. 宏观形貌分析

图 12 - 1 为纤维素/氧化铁复合气凝胶的宏观照片,由于添加了氧化铁,复合气凝胶呈现红色,随着氧化铁含量的增加,颜色也越来越深。凝胶形成温度为 75 ℃,干燥过程为冷冻干燥。由于模具为圆形小烧杯,制备的气凝胶呈现圆柱状。

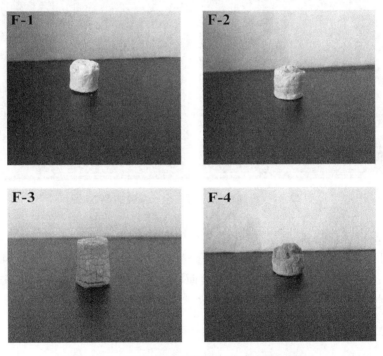

图 12 - 1 纤维素/氧化铁复合气凝胶的宏观照片

2. SEM 分析

图 12 - 2 为纤维素/氧化铁复合气凝胶的 SEM 图。由图 12 - 2可以看出,纤维素/氧化铁复合气凝胶仍然具有三维网状结构,然而由于经过多次溶剂置换及冷冻

干燥处理,导致表面张力不均一,气凝胶的网状结构不均一。氧化铁的加入并没有影响气凝胶原有的微观结构。

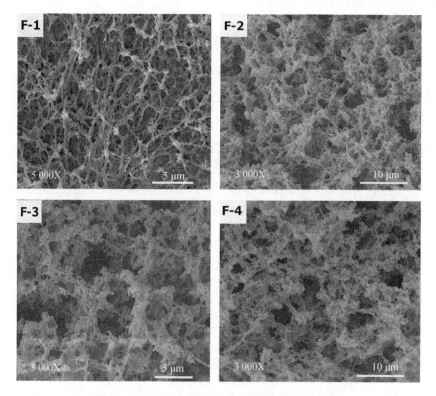

图 12 - 2　纤维素/氧化铁复合气凝胶的 SEM 图

图 12 - 3 为疏水纤维素/氧化铁复合气凝胶的 SEM 图。对比图 12 - 2 和图 12 - 3,可以看出疏水纤维素/氧化铁复合气凝胶并没有改变原有的三维网状结构,但是引入了十八烷基三氯硅烷后纤维表面被一层疏水结构包裹住,十八烷基三氯硅烷占据了纤维之间原有的空间,所以网状结构更密集,空隙变小。

12.3.2　密度分析

采用10.3.2 节中的方法对纤维素/氧化铁复合气凝胶进行密度分析。

表 12 - 2 为 4 种纤维素/氧化铁复合气凝胶的直径与密度。密度处于 0.038 3 ~ 0.062 8 g/cm³ 范围内,密度较低。

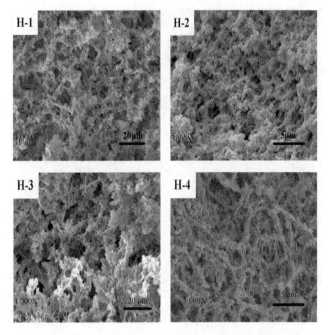

图 12 – 3　疏水纤维素/氧化铁复合气凝胶的 SEM 图

表 12 – 2　4 种纤维素/氧化铁复合气凝胶的直径与密度

样品	直径/mm	密度/$(g \cdot cm^{-3})$
F – 1	8.096	0.044 3 ± 0.001 0
F – 2	8.156	0.062 8 ± 0.002 1
F – 3	9.578	0.053 6 ± 0.000 7
F – 4	7.571	0.038 3 ± 0.002 2

12.3.3　元素分析

图 12 – 4 为 4 种纤维素/氧化铁复合气凝胶的能谱图。由图 12 – 4 可以看出,纤维素/氧化铁复合气凝胶中除了含有常规的元素之外,还含有铁元素,说明实验成功引入了 Fe_2O_3。图 12 – 4 中各个元素的含量百分比代表测试部分的元素构成。

图 12 – 5 为 4 种疏水纤维素/氧化铁复合气凝胶的能谱图。由图 12 – 5 可知,疏水纤维素/氧化铁复合气凝胶中除了含有常规的元素外,还出现了硅、氯元素,表明改性成功。图 12 – 5 中各个元素的含量百分比代表测试部分的元素构成。

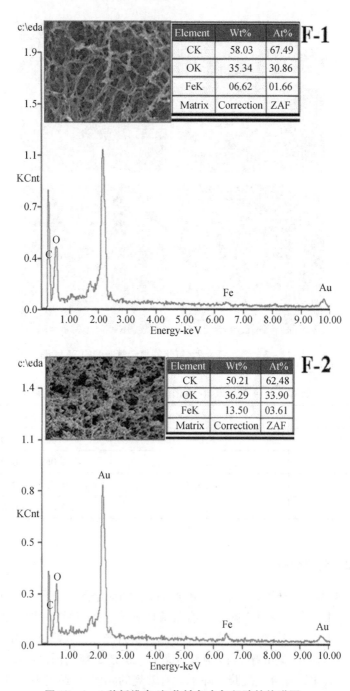

图 12 – 4　4 种纤维素/氧化铁复合气凝胶的能谱图

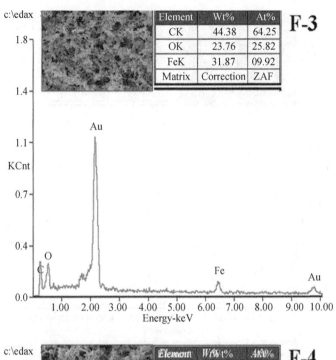

Element	Wt%	At%
CK	44.38	64.25
OK	23.76	25.82
FeK	31.87	09.92
Matrix	Correction	ZAF

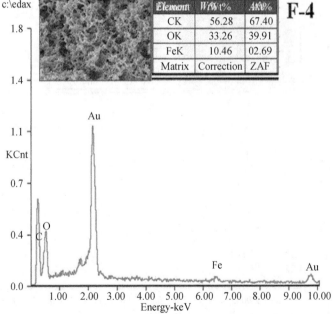

Element	Wt%	At%
CK	56.28	67.40
OK	33.26	39.91
FeK	10.46	02.69
Matrix	Correction	ZAF

图 12 −4(续)

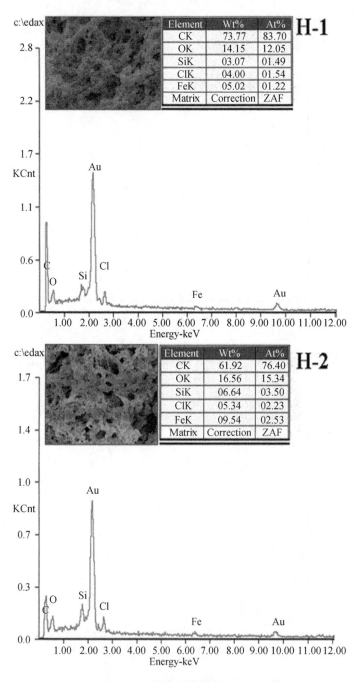

图 12 – 5 4 种疏水纤维素/氧化铁复合气凝胶的能谱图

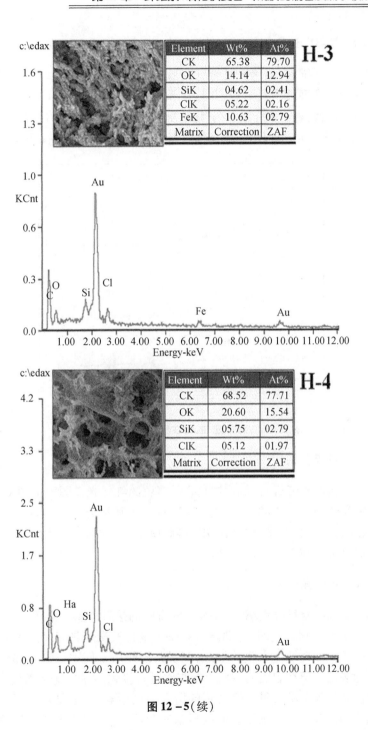

图 12 –5（续）

12.3.4　XRD 分析

图 12 - 6 为纤维素/氧化铁复合气凝胶的 XRD 图。由图 12 - 6 可知,复合气凝胶具有典型的 Ⅱ 型纤维素结构,并且在 $2\theta = 33.15°$、$2\theta = 35.61°$处对应Fe_2O_3的 (104)和(110)晶面,表明了纤维素/氧化铁复合气凝胶中 Fe_2O_3 的存在。在图 12 - 6 中,由于掺杂的 Fe_2O_3 含量较少,导致特征峰值不明显(F - 1、F - 2 和 F - 3)。

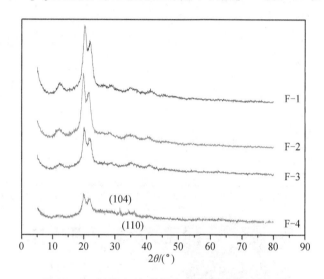

图 12 - 6　纤维素/氧化铁复合气凝胶的 XRD 图

12.3.5　红外分析

图 12 - 7 为疏水纤维素/氧化铁复合气凝胶的红外光谱图。由图 12 - 7 可知,4 种样品在 3 363 cm^{-1}、2 896 cm^{-1}、1 647 cm^{-1}、1 162 cm^{-1}、894 cm^{-1}处均有吸收峰出现,说明疏水复合纤维素/氧化铁气凝胶属于 Ⅱ 型纤维素。十八烷基三氯硅烷的特征吸收峰显示在 2 854 cm^{-1}处。

12.3.6　接触角分析

图 12 - 8 为疏水纤维素/氧化铁复合气凝胶的接触角图。由图 12 - 8 可知,接触角处于 128.5° ~ 145°之间,达到疏水状态。复合气凝胶具有一定的表面粗糙度以及十八烷基三氯硅烷疏水膜的形成,两者共同作用下使得空气大部分被留在复合气凝胶的表面。留在表面的空气直接与水进行接触,因此,复合气凝胶的表面不会被水浸湿。接触角随着氧化铁含量的增多而逐渐减小,主要是由于十八烷基三氯硅烷的作用原理是与纤维素表面的羟基进行反应,利用疏水的甲基替换亲水的

羟基,从而达到疏水效果,然而氧化铁含量的增多,可替换的羟基数量减少,甲基数量也跟着减少,疏水效果会越差。

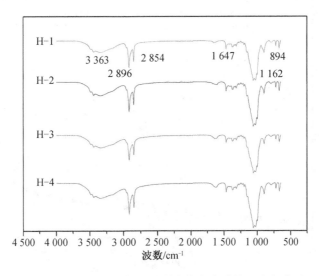

图 12－7　疏水纤维素/氧化铁复合气凝胶的红外光谱图

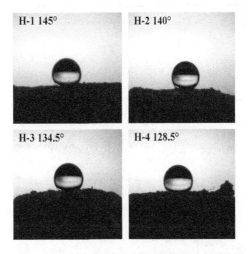

图 12－8　疏水纤维素/氧化铁复合气凝胶的接触角图

12.3.7　孔隙结构分析

图 12－9 为疏水纤维素/氧化铁复合气凝胶的 N_2 吸附－脱附等温线和孔径分布图。根据图 12－9 和 IUPAC 的规定可知,4 种样品的 N_2 吸附－脱附等温线都属于Ⅳ型,且具有 H3 型滞回环,说明 4 种样品都属于具有狭长裂口型孔状结构的材料。

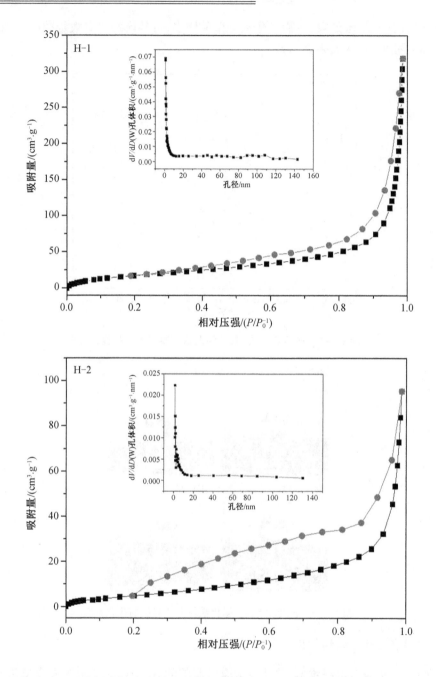

图 12 - 9 疏水纤维素/氧化铁复合气凝胶的 N_2 吸附 - 脱附等温线和孔径分布图

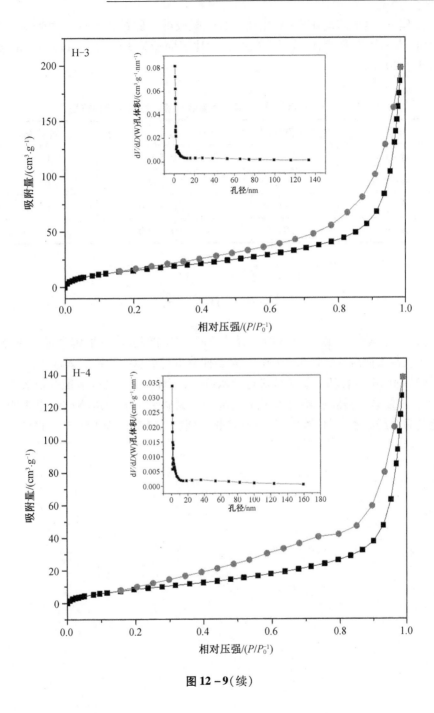

图 12 - 9(续)

表 12 - 3 为疏水纤维素/氧化铁复合气凝胶的孔隙结构特征。由表 12 - 3 可以看出,疏水纤维素/氧化铁复合气凝胶的比表面积为 104.55 ~ 117.05 m^2/g,孔径均低于 20 nm。

表 12 -3　疏水纤维素/氧化铁复合气凝胶的孔隙结构特征

样品	比表面积/($m^2 \cdot g^{-1}$)	孔体积/($cm^3 \cdot g^{-1}$)	孔径/nm
H - 1	106.26	0.516 8	19.45
H - 2	117.05	0.189 3	16.04
H - 3	111.98	0.323 0	15.22
H - 4	104.55	0.229 0	15.69

12.4　小　　结

(1)纤维素/氧化铁复合气凝胶是由 NaOH/尿素/水体系溶解微晶纤维素,共混氧化铁制备而成的。XRD、SEM、元素表征分析均显示氧化铁引入成功。

(2)利用十八烷基三氯硅烷进行疏水改性,SEM、元素、红外表征分析表明纤维素/氧化铁复合气凝胶成功引入了十八烷基三氯硅烷。接触角测试结果表明疏水改性之后的纤维素/氧化铁气凝胶均达到疏水状态,接触角为 128.5° ~ 145°。

第 13 章 疏水纤维素/SiO₂ 复合气凝胶的制备及疏水吸附性能

13.1 概　　述

量子隧道效应以及体积效应使得 SiO_2 可以在大分子化合物的 π 键附近形成空间的网状结构,从而使得高分子材料的性能有所提高。本章实验利用 NaOH/尿素/水溶剂体系溶解微晶纤维素,采用浸泡法制备纤维素/SiO_2 复合气凝胶,采用 SEM、XRD、红外等表征方法,对制备的纤维素/SiO_2 复合气凝胶进行分析表征,利用十八烷基三氯硅烷对其进行疏水修饰并做接触角分析。

13.2 实　　验

13.2.1 实验材料与仪器

正硅酸乙酯(TEOS),分析纯,购自天津市科密欧化学试剂有限公司;十八烷基三氯硅烷,分析纯,购自梯希爱(上海)化成工业发展有限公司;正己烷,分析纯,购自天津市富宇精细化工有限公司。微晶纤维素及其他药品参见 10.2.1 节。

数显恒温水浴锅及其他仪器参见 10.2.1 节。

13.2.2 方法

1.纤维素水凝胶的制备

2 g 微晶纤维素溶解在 100 mL 的 NaOH/尿素/H_2O(质量比 7∶12∶81)溶剂体系中,冷冻条件下制备再生纤维素溶液。将再生纤维素溶液滴加到小烧杯中,水浴成形,成形后频繁更换水溶液,以除去多余杂质。

2.TEOS/乙醇溶液的制备

按照表 13-1 所列的原料配比配置溶液,分别编号为 T-1、T-2、T-3和T-4。

表 13 - 1　原料配比

编号	$V(\text{TEOS})/\text{mL}$	$V(乙醇)/\text{mL}$
T - 1	1	100
T - 2	1.5	100
T - 3	2	100
T - 4	2.5	100

3. 纤维素/SiO$_2$复合气凝胶的制备

将纤维素水凝胶从小烧杯中取出,浸泡在 50 mL 编号为 T - 1 的 TEOS/乙醇溶液中,将整个反应体系放置于 50 ℃水浴下进行反应,更换 3 次 TEOS/乙醇溶液,随后分别浸泡在乙醇和叔丁醇中。采用冷冻干燥方法得到编号为 A - 1 的纤维素/SiO$_2$复合气凝胶。同理,制备编号为 A - 2、A - 3 和 A - 4 的纤维素/SiO$_2$复合气凝胶。

4. 疏水纤维素/SiO$_2$复合气凝胶的制备

按照12.2.2节的方法分别将编号为 A - 1、A - 2、A - 3、A - 4 的纤维素/SiO$_2$复合气凝胶浸泡在十八烷基三氯硅烷 - 正己烷溶液中,得到编号为 S - 1、S - 2、S - 3 和 S - 4 的疏水纤维素/SiO$_2$复合气凝胶。

13.2.3　样品表征

采用日本 JEOL 公司的 JSM·7500F 型扫描电子显微镜对纤维素/SiO$_2$复合气凝胶和疏水纤维素/SiO$_2$复合气凝胶的超微形貌进行观察;采用英国牛津仪器有限公司的 X - MAX^{N}型大面积 SDD 能谱仪对纤维素/SiO$_2$复合气凝胶和疏水纤维素/SiO$_2$复合气凝胶的元素组成进行分析;采用日本理学(RIGAKU)仪器有限公司的 D/MAX - RB 型 X 射线衍射仪对纤维素/SiO$_2$复合气凝胶的结晶结构进行表征,测试采用铜靶,射线波长为 0.154 nm,扫描角度(2θ)范围为 5°~80°,扫描速度为 5 (°)/min,步距0.02°,管电压为 40 kV,管电流为 30 mA;采用美国 NICOLET 仪器有限公司的 MAGNA - IR560 型傅里叶变换红外光谱仪对纤维素/SiO$_2$复合气凝胶的红外光谱进行测定,测试波长范围 650~4 000 cm^{-1};采用上海中晨数字技术设备有限公司的 JC2000C 型接触角测量仪对疏水纤维素/SiO$_2$复合气凝胶的接触角进行测定。

13.3　实验结果与分析

13.3.1　宏观形态与微观形貌分析

1. 宏观形态分析

图 13-1 为纤维素/SiO$_2$复合气凝胶的宏观照片。凝胶形成温度为 75 ℃，干燥过程为冷冻干燥。由于模具为圆形小烧杯，制备的气凝胶呈现圆柱状。SiO$_2$含量的增加，并没有对气凝胶的颜色、形状造成影响。

图 13-1　纤维素/SiO$_2$复合气凝胶的宏观照片

2. 微观形貌分析

图 13-2 为纤维素/SiO$_2$复合气凝胶的 SEM 图。由图 13-2 可以看出，纤维素/SiO$_2$复合气凝胶与纤维素气凝胶的微观结构相似，都呈现出三维网状结构，但其中的纤维素分子表面形成了一种片层结构，这是由聚合的 SiO$_2$形成的硅凝胶薄层。

图 13-3 为疏水纤维素/SiO$_2$复合气凝胶的 SEM 图。对比图 13-2 和图 13-3，可以看出疏水纤维素/SiO$_2$复合气凝胶具有同样的三维网状结构，但是网状结构的孔隙变小，这说明疏水处理后引入的长链疏水烷基形成了单分子膜，从而覆盖住了整个纤维表面，构成了疏水结构。

13.3.2　密度分析

采用 10.3.2 节中的方法对纤维素/SiO$_2$复合气凝胶进行密度分析。

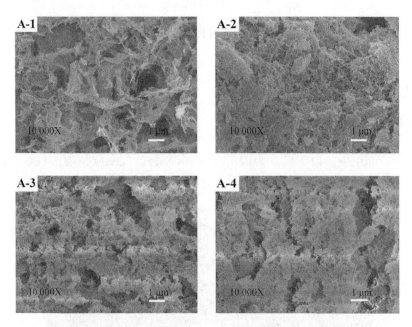

图 13 - 2   纤维素/SiO₂复合气凝胶的 SEM 图

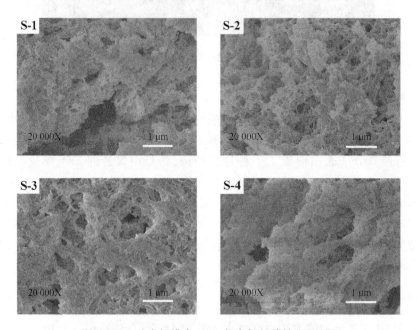

图 13 - 3   疏水纤维素/SiO₂复合气凝胶的 SEM 图

表 13 - 2 为 4 种纤维素/SiO_2复合气凝胶的直径与密度。密度波动范围 0.043 6 ~ 0.050 7 g/cm^3。

表 13 - 2　4 种纤维素/SiO_2复合气凝胶的直径与密度

编号	平均直径/nm	密度/(g·cm^{-3})
A - 1	5.44	0.043 6 ± 0.001 10
A - 2	5.84	0.050 7 ± 0.003 00
A - 3	5.81	0.049 9 ± 0.000 90
A - 4	5.62	0.046 3 ± 0.001 50

13.3.3　元素分析

图 13 - 4 为 4 种纤维素/SiO_2复合气凝胶的能谱图。由图 13 - 4 可以看出,纤维素/SiO_2复合气凝胶中含有碳、氧、硅元素,可以确定 SiO_2掺杂在此复合气凝胶中。

表 13 - 3 为 4 种纤维素/SiO_2复合气凝胶的能谱元素分析,表中各个元素的含量百分比代表图 13 - 4 中测试部分的元素构成。由表 13 - 3 可知,纤维素/SiO_2复合气凝胶中有硅元素。

表 13 - 3　4 种纤维素/SiO_2复合气凝胶的能谱元素分析

编号	质量/%			原子/%		
	C	O	Si	C	O	Si
A - 1	41.37	52.72	5.90	49.56	47.71	3.02
A - 2	42.84	52.66	4.50	50.82	46.89	2.28
A - 3	41.03	52.69	6.27	49.28	47.50	3.22
A - 4	35.62	50.19	14.19	44.88	47.48	7.65

图 13 - 5 为 4 种疏水纤维素/SiO_2复合气凝胶的能谱图。由图 13 - 5 可知,疏水纤维素/SiO_2复合气凝胶含有碳、氧、硅、氯元素,表明十八烷基三氯硅烷引入成功。

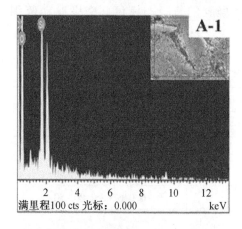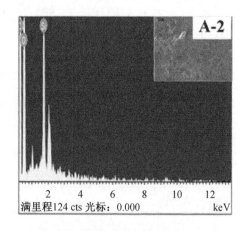

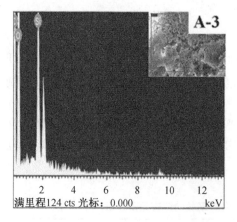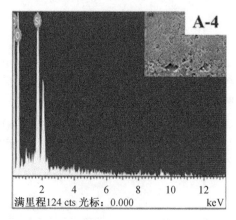

图 13 - 4   4 种纤维素/SiO₂复合气凝胶的能谱图

表 13 - 4 为 4 种疏水纤维素/SiO₂复合气凝胶的能谱元素分析。表 13 - 4 中各个元素的含量百分比代表图 13 - 5 中测试部分的元素构成。由表 13 - 4 可知,疏水纤维素/SiO₂复合气凝胶中有硅、氯元素。

表 13 - 4   疏水纤维素/SiO₂复合气凝胶的能谱元素分析

编号	质量/%				原子/%			
	C	O	Si	Cl	C	O	Si	Cl
S - 1	51.76	40.79	6.92	0.53	60.52	35.81	3.46	0.21
S - 2	44.35	42.38	12.81	0.46	54.22	38.89	6.70	0.19

表 13 – 4(续)

编号	质量/%				原子/%			
	C	O	Si	Cl	C	O	Si	Cl
S – 3	45.35	41.03	13.32	0.29	55.34	37.59	6.95	0.12
S – 4	43.38	39.03	17.12	0.46	54.12	36.55	9.13	0.20

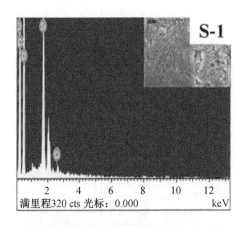
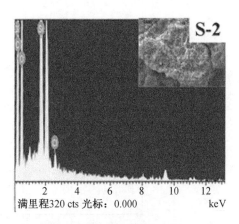
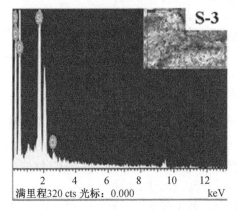
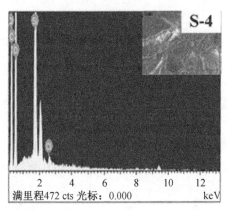

图 13 – 5　疏水纤维素/SiO₂复合气凝胶的能谱图

13.3.4　XRD 分析

图 13－6 为纤维素/SiO_2 复合气凝胶的 XRD 图。Ⅱ型纤维素的衍射峰具有的晶面($1\dot{0}1$)、(101)和(002)在 $2\theta = 11.06°$、$2\theta = 20.0°$、$2\theta = 21.82°$处有所体现。在 $2\theta = 21.86°$处对应的是 SiO_2 的(111)晶面。

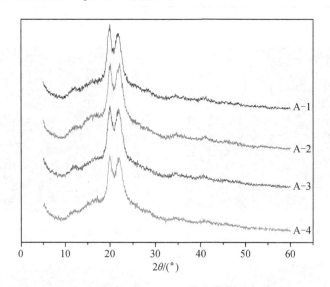

图 13－6　纤维素/SiO_2 复合气凝胶的 XRD 图

13.3.5　红外分析

图 13－7 为纤维素/SiO_2 复合气凝胶的红外光谱图。由图 13－7 可知,4 种样品在 3 349 cm^{-1}、2 897 cm^{-1}、1 631 cm^{-1}、1 420 cm^{-1}、1 371 cm^{-1}、1 060 cm^{-1}处都有吸收峰出现,说明纤维素/SiO_2 复合气凝胶属于Ⅱ型纤维素,而 798 cm^{-1}处则为 Si—O 键的对称伸缩振动吸收峰,表明了 SiO_2 与纤维素之间的结合。

图 13－8 为疏水纤维素/SiO_2 复合气凝胶的红外光谱图。由图 13－8 可知,疏水纤维素/SiO_2 复合气凝胶与纤维素/SiO_2 复合气凝胶一样具有Ⅱ型纤维素的特征吸收峰和 SiO_2 的特征吸收峰。与图 13－7 相比较,图 13－8 中 H_2O 位于 1 630 cm^{-1}处的吸收峰消失。2 851 cm^{-1}处为十八烷基三氯硅烷的吸收峰。

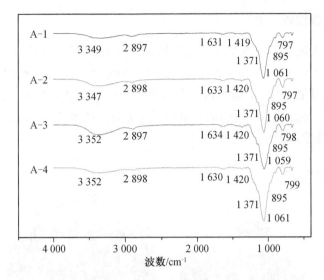

图 13 − 7　纤维素/SiO₂复合气凝胶的红外光谱图

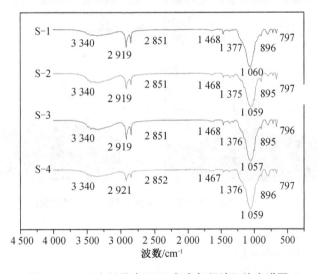

图 13 − 8　疏水纤维素/SiO₂复合气凝胶红外光谱图

13.3.6 接触角分析

图 13 – 9 为疏水纤维素/SiO$_2$复合气凝胶的接触角图。由图 13 – 9 可知,接触角处于 135° ~ 144.5°。十八烷基三氯硅烷的作用原理是利用憎水的甲基集团将表面亲水的羟基基团替换,从而达到疏水的效果。SiO$_2$的加入提高了复合气凝胶的疏水性能,主要是由于 SiO$_2$所形成的薄层具有更好的疏水性能,而且随着 SiO$_2$含量的增加,疏水性增强。

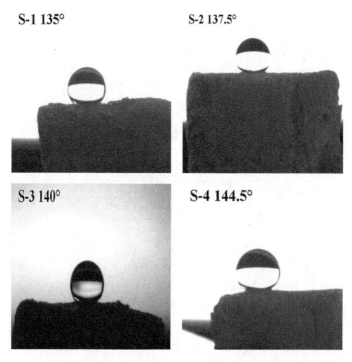

图 13 – 9　疏水纤维素/SiO$_2$复合气凝胶的接触角图

13.3.7 孔隙结构分析

图 13 – 10 为疏水纤维素/SiO$_2$复合气凝胶的 N$_2$吸附 – 脱附等温线和孔径分布图。根据 IUPAC 的规定和图 13 – 10 可知,4 种样品的 N$_2$吸附 – 脱附等温线都属于Ⅳ型,且具有 H3 型滞留环,说明 4 种样品都属于具有狭长裂口型孔状结构的材料。

表 13 – 5 为疏水纤维素/SiO$_2$复合气凝胶的孔隙结构数据特征。由表 13 – 5 可

以看出,疏水纤维素/SiO₂复合气凝胶的比表面积为 80~99 m²/g,孔径均低于 18 nm。

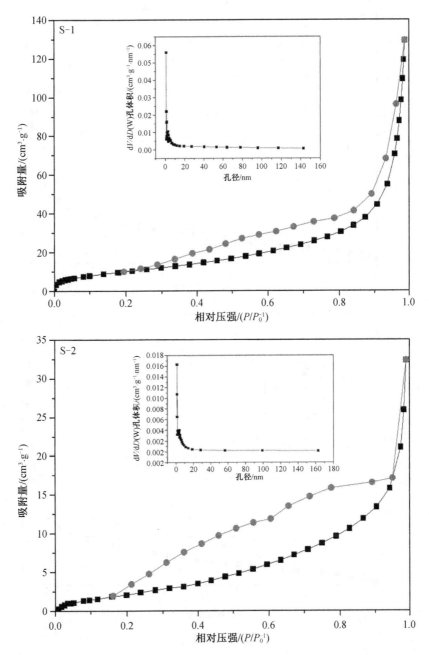

图 13-10　疏水纤维素/SiO₂复合气凝胶的 N₂ 吸附-脱附等温线和孔径分布图

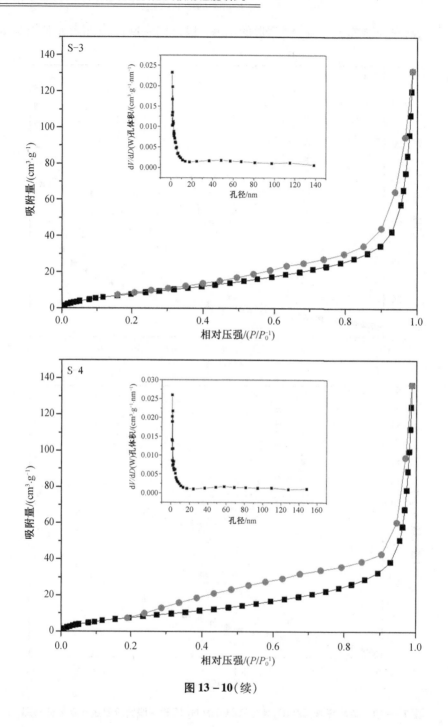

图 13 − 10（续）

表13-5　疏水纤维素/SiO$_2$复合气凝胶的孔隙结构特征

样品	比表面积/(m^2·g^{-1})	孔体积/(cm^3·g^{-1})	孔径/nm
S-1	88.23	0.210 3	15.41
S-2	80.25	0.156 3	11.14
S-3	82.49	0.218 2	15.22
S-4	99.07	0.224 3	17.13

13.4　小　　结

（1）纤维素/SiO$_2$复合气凝胶由微晶纤维素经过溶胶凝胶方法制得。SEM、XRD、红外、能谱（EDAX）表征分析均显示 SiO$_2$掺杂成功，复合气凝胶具有网状结构。

（2）利用十八烷基三氯硅烷进行疏水改性，SEM、能谱（EDAX）、红外分析表明十八烷基三氯硅构成了疏水结构。接触角分析表明改性后的纤维素/SiO$_2$复合气凝胶均达到疏水效果，SiO$_2$含量的增加使得接触角变大。疏水改性为纤维素/SiO$_2$复合气凝胶提供了更广阔的应用前景。

第14章 毛竹纳米纤丝化纤维素及纳米纸的制备与表征

14.1 概　　述

纳米纤丝化纤维素是纤维素研究热点之一。本章实验以毛竹为原料,制备纳米纤丝化纤维素,研究纳米纤丝化纤维素的结构与性能,以及纳米纤丝化纤维素(以下简称纳米纤维素)在纳米纸上的应用。

14.2 实　　验

14.2.1 实验材料与仪器

实验材料见表14-1。

表14-1 实验材料

药品名称	规格	生产厂家
毛竹	天然	浙江省杭州市黄公望森林公园
甲苯	分析纯	天津市精细化工有限公司
无水乙醇	分析纯	天津市富宇精细化工有限公司
氢氧化钠	分析纯	天津市科密欧化学试剂有限公司
亚氯酸钠	化学纯	天津市光复精细化工研究所
氨水	分析纯	天津市凯通化学试剂有限公司

实验仪器见表14-2。

表 14 – 2　实验仪器

仪器名称	生产厂家
M – 110P 型高压均质机	美国 MFIC 公司
KQ – 200VDE 型三频数控超声波清洗器	昆山市超声仪器有限公司
TGL – 16 型高速离心机	江苏金坛市中大仪器厂
FZ102 微型植物粉碎机	天津市泰斯特仪器有限公司
SCIENTZ – ⅡD 超声波细胞粉碎机	宁波新芝生物科技股份有限公司
恒温槽	深圳市超杰实验仪器有限公司
H – 7650 型透射电子显微镜	日本日立(HITACHI)仪器有限公司
MAGNA – IR560 型傅里叶变换红外光谱仪	美国 NICOLET 仪器有限公司
Quanta200 环境扫描电子显微镜	美国 FEI 公司
D/MAX – RB 型 X 射线衍射仪	日本理学(RIGAKU)仪器有限公司
FA2104B 型电子天平	上海越平科学仪器有限公司
TU – 1901 双光束紫外可见分光光度计	北京普析通用仪器有限责任公司
STA6000 同步热分析仪	美国珀金埃尔默仪器有限公司
万能试验机	北京兰德梅克包装材料有限公司

14.2.2　纳米纤维素的制备

用植物粉碎机将竹条粉碎成竹粉,用 60 目和 70 目的筛子精确筛选出 60 目的竹粉。使用电子天平精确称取 15 g 竹粉,用滤纸包好放置于索氏抽提器中,注入体积比为 2∶1 的甲苯和乙醇溶液,在 90 ℃下抽提 6 h,取出竹粉包放置于通风橱冷却以脱除抽提物。精确称取 4.5 g 亚氯酸钠和上步提取的竹粉 15 g 一同溶于 487.5 mL 蒸馏水中,再加入 3.75 mL 冰醋酸,调节 pH 值至 4 ~ 5。将溶液放入 75 ℃水浴锅中水浴 1 h,再次加入等量的亚氯酸钠和冰醋酸,重复该步骤 5 次直至竹粉无色,抽滤、水洗至中性,以脱除大部分木质素,制得综纤维素。将上述白色竹粉放入配好的 3% 氢氧化钠溶液中,在 90 ℃的水浴锅中水浴 2 h,以除去大部分的半纤维素,抽滤、水洗至中性。将产物溶于 500 mL 的蒸馏水溶液中,倒入研磨机中,研磨 30 min,在 20000PSI(约为 137.895 14 MPa)条件下均质 12 次。将均质的水溶胶用超声波细胞粉碎机破碎 30 min,制得竹提取的纳米纤维素水溶胶,密封保存。

14.2.3 纳米纤维素纸的制备

取 10 mL 上述纳米纤维素水溶胶用微孔滤膜(50 mm × 0.45 μm,水系)抽滤 30 min 后,在微孔滤膜表面形成纳米纤维素层。将滤膜连同样品层一起浸泡在丙酮中反复冲洗 3 ~ 5 次除去微孔滤膜,并在室温下晾干得到纳米纤维素纸(以下简称纳米纸)。将无光泽的纳米纤维素纸浸没在质量分数为 4% 的聚乙烯醇溶液中 12 h,取出后平铺在聚四氟乙烯板上自然晾干,得到透明纳米纤维素纸(以下简称透明纸)。用质量分数为 4% 的聚乙烯醇溶液制备纯的聚乙烯醇膜做参照样品。

14.2.4 样品表征

采用日本日立(HITACHI)仪器有限公司的 H - 7650 型透射电子显微镜(TEM)对纳米纤维素的微观形貌进行观察;采用美国 FEI 公司的 Quanta200 环境扫描电子显微镜(SEM)对未抛光的纳米纸、透明纸和聚乙烯醇膜的表面形貌以及断面形貌进行观察;采用北京普析通用仪器有限责任公司 TU - 1901 双光束紫外可见分光光度计的薄膜附件对样品在 200 ~ 800 nm 范围内的透光率进行测试;采用美国珀金埃尔默仪器有限公司的 STA6000 同步热分析仪对样品的热失重数据进行分析,温度测量范围为 50 ~ 700 ℃;将样品剪成 1.5 cm × 7 cm 的样品条并用千分尺对样品的厚度进行测量,然后采用北京兰德梅克包装材料有限公司的万能材料试验机得到相应的应力 - 应变曲线、拉伸强度和断裂伸长率等力学数据。

14.3 实验结果与分析

14.3.1 形貌分析

图 14 - 1 为制备得到的纳米纤维素纤维的 TEM 图。从图 14 - 1 中可以看出采用高压均质技术制备的纳米纤维素直径为 20 nm,长度达到微米级。本次实验先对毛竹进行粉碎处理,索氏抽提去抽提物,用亚氯酸钠去木质素,低碱溶液去半纤维素制得综纤维素,如此可以得到纯化纤维素,很好地保留了纤维素的原始结构,最后采用高压均质技术将原纤丝从纤维素中剥离出来,制备出具有较高长径比的毛竹纤维素纳米纤维。

图 14 - 2 为样品的 SEM 图。从图 14 - 2 中可以看出,聚乙烯醇基体具有平整的表面和断面形貌,而纳米纤维素纤维聚集产生的纳米纸呈现出三维网络聚集的多孔结构。然而,经过聚乙烯醇浸泡抛光后的纳米纸表面变得较为平整,并且断面中的空隙得到了很大程度上的填充。因此,这种孔隙的填充在一定程度上会减少

光的散射并且增加纳米纤维素纤维之间的相互作用,对其光透明性以及力学强度有着一定积极作用。

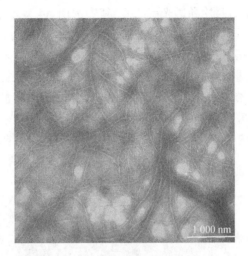

图 14 - 1　纳米纤维素纤维的 TEM 图

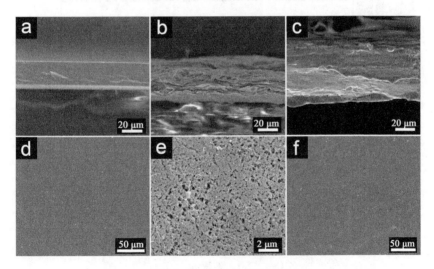

图 14 - 2　样品的 SEM 图

(a)聚乙烯醇膜断面;(b)纳米纸断面;(c)透明纸断面;

(d)聚乙烯醇膜表面;(e)纳米纸表面;(f)透明纸表面

14.3.2　透光性能分析

图 14 – 3 为样品的照片和透光率曲线,其中选用 A4 复印纸(以下简称 A4 纸,购自得利集团有限公司)作为参照样品。从图 14 – 3(a)中可以看出,A4 纸完全不透明,纳米纸呈现出略微的透明性,而经过抛光处理后的纳米纸和聚乙烯醇膜相似,都呈现出较高的透明性。结合透光率曲线可以看出,聚乙烯醇膜、纳米纸和透明纸在 600 nm 处的透光率分别为 90%、0.5% 和 65%,随着波长的减小透光率逐步减小,其中聚乙烯醇膜和透明纸在可见光区都保持着较高的透光率,进一步说明了聚乙烯醇基体对纳米纸的填充和表面抛光作用有利于纳米纸光学透明性的改善。

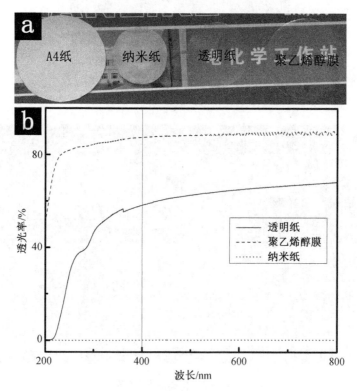

图 14 – 3　样品的照片和透光率曲线

(a)照片;(b)透光率曲线

14.3.3　力学性能分析

图 14 - 4 为样品的应力 - 应变曲线,样品的力学性能数据见表 14 - 3。可以发现虽然纳米纸在抛光处理后引入了聚乙烯醇基体,但是所制备的透明纸与纳米纸和 A4 纸相似,都表现出纸的特性,仅存在弹性变形阶段,而不像聚乙烯醇膜那样存在弹性变形和塑性变形两个阶段。此外,透明纸也表现出更高的杨氏模量和拉伸强度,分别为 1.31 GPa 和 120.3 MPa,而未经过抛光处理的纳米纸的杨氏模量和拉伸强度仅为 0.32 GPa 和 66.1 MPa。这些变化主要是由于多羟基的聚乙烯醇填充在纤维素基体中形成了较好的氢键,增强了纳米纤维之间和基体与纳米纤维之间的相互作用。从断裂伸长率的变化中也可以发现纳米纸具有较高的断裂伸长率,这与纳米纤维素网络的伸展有一定的联系,当网络空隙被聚乙烯醇填充后其数值又有着明显的降低。

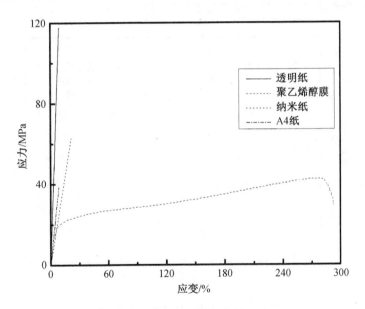

图 14 - 4　样品的应力 - 应变曲线

表 14 - 3　样品的力学性能数据

样品	杨氏模量/GPa	拉伸强度/MPa	断裂伸长率/%
透明纸	1.31 ± 0.35	120.3 ± 2.1	9.2 ± 0.6
聚乙烯醇膜	0.31 ± 0.02	42.5 ± 1.2	292.6 ± 30.5

表 14 – 3（续）

样品	杨氏模量/GPa	拉伸强度/MPa	断裂伸长率/%
纳米纸	0.32 ± 0.03	66.1 ± 0.2	20.8 ± 0.8
A4 纸	0.77 ± 0.08	57.5 ± 0.8	7.5 ± 0.1

14.3.4　热稳定性分析

图 14 – 5 为样品的热失重 – 温度曲线。从图 14 – 5 中可以看出,纳米纸和 A4 纸表现出两个失重阶段,而透明纸由于聚乙烯醇基体的填充,在 400 ℃出现了第三个失重阶段。而从热分解温度来看,纳米纸和 A4 纸的热分解温度较高,分别在 312 ℃和 323 ℃,聚乙烯醇膜的热分解温度为 242 ℃,而经过聚乙烯醇抛光处理的透明纸的热分解温度介于纳米纸和聚乙烯醇之间,为 300 ℃。

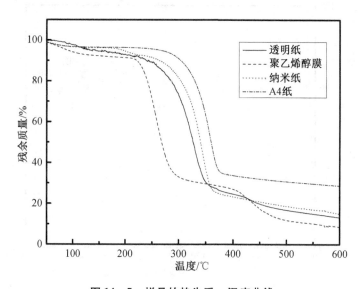

图 14 – 5　样品的热失重 – 温度曲线

14.3.5　XRD 分析

纳米纤维素的 XRD 图如图 14 – 6 所示。从图 14 – 6 中可以看出,在 $2\theta = 14.77°$,$2\theta = 15.66°$ 和 $2\theta = 22.27°$ 处出现 3 个衍射峰,分别对应 I 型纤维素晶面 (101)、$(10\dot{1})$、(002) 衍射峰,纳米纤维素为 I 型纤维素。

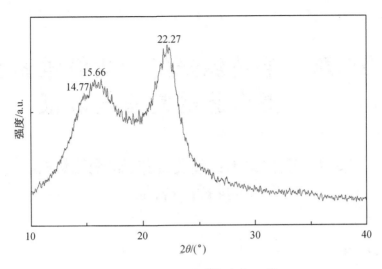

图 14 - 6　纳米纤维素的 XRD 图

14.4　小　　结

采用高压均质技术制备纳米纤维素不仅能避免单纯化学方法对纤维素结构的破坏,同时能够获得较大长径比的纳米纤维素。与天然纤维素相比较,纳米纤维素在化学态上仍保留着纤维素原有的晶型结构,属于 I 型纤维素。纳米纤维素在微观上呈三维的空间网络结构,纳米纤丝相互交织成网状缠结结构,对纳米复合材料的力学性能起到积极作用,因此在后续研究采用纳米纤维素作为增强组分。以毛竹纳米纤维素纤维为原料利用微滤沉积和聚乙烯醇基体抛光制备出透明的纳米纸具有高的可行性。纳米纤维素在沉积过程中形成多孔具有三维网络的纳米纸,聚乙烯醇对纳米纸的孔隙起到了填充作用,减少了光的散射,增加了纳米纤维间的相互作用,从而使产品表现出高的力学强度和良好的透明性,其杨氏模量和拉伸强度分别为 1.31 GPa 和 120.3 MPa,在 600 nm 处的透光率约为 65%。与传统的纸相比,这种高透明纸在光学器件以及包装材料领域有着一定的应用潜力。

第15章　毛竹纳米纤丝化纤维素及复合膜的制备与表征

15.1　毛竹纳米纤丝化纤维素/聚乙烯醇复合膜的制备与表征

15.1.1　概述

本节在用毛竹制备出高长径比的纳米纤维素的研究基础上,分别采用物理共混法和薄膜浸渍法制备不同原料配比的纳米纤维素/聚乙烯醇复合膜,同时将精制木醋液引入到复合膜中,并对复合膜的微观形貌、力学性能、透光性能、红外光谱进行分析,为后续制备复合转光膜的基体、纳米纤维素的添加量提供基础实验数据。

15.1.2　实验

1. 材料及仪器

实验材料见表 15 – 1。

表 15 – 1　实验材料

药品名称	规格	生产厂家
聚乙烯醇 1 750 ± 50	分析纯	国药集团化学试剂有限公司
乙醚	分析纯	天津市东丽区天大化学试剂厂
无水硫酸钠	分析纯	天津市博迪化工有限公司

原料用木醋液自制,纳米纤维素制备参见第 14 章。实验仪器见表 15 – 2。

表 15 – 2　实验仪器

仪器名称	生产厂家
电子恒速搅拌器	上海申生科技有限公司
KQ – 200VDE 型三频数控超声波清洗器	昆山市超声仪器有限公司
Quanta200 环境扫描电子显微镜	美国 FEI 公司
MAGNA – IR560 型傅里叶变换红外光谱仪	美国 NICOLET 仪器有限公司
TU – 1901 双光束紫外可见分光光度计	北京普析通用仪器有限责任公司
LDX – 200 液晶屏显示智能电子万能试验机	北京兰德梅克包装材料有限公司
TG209F3 热重分析仪	德国耐驰仪器有限公司
98 – 1 – B 型恒温电热套	天津泰斯特仪器有限公司

2. 物理共混法

物理共混法制备纳米纤维素/聚乙烯醇复合膜的原理图如图 15 – 1 所示。

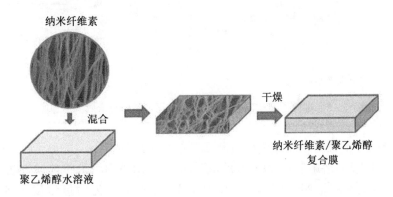

图 15 – 1　物理共混法制备纳米纤维素/聚乙烯醇复合膜的原理图

　　称取一定量的聚乙烯醇,加入蒸馏水配成质量分数为 3% 的聚乙烯醇溶液,90 ℃ 水浴并机械搅拌 1 h,直至聚乙烯醇完全溶解,用纱布滤取。按表 15 – 3 给出的原料配比将纳米纤维素水溶胶(4.04 g/L)、蒸馏水混合,超声波处理 15 min。最后将两种溶液充分混合进行真空脱泡制得成膜液。在光滑平整的铺膜板上铺膜,可用载玻片刮膜铺匀,室温下干燥 24 h,得到相应比例的纳米纤维素/聚乙烯醇复合膜。选择这样的比例是为了保证成膜液的质量浓度接近 30.0 g/L,每张膜都由75 mL 成膜液铺成,保证成膜之后膜的大小、厚度、均匀性接近。

表 15 – 3　原料配比

编号	$V(NFC)/mL$	$V(蒸馏水)/mL$	$M(聚乙烯醇)/g$	NCC
PVA – 0	0.00	75.00	2.25	0%
PVA – 1	2.80	72.2	2.24	0.5%
PVA – 2	5.63	69.37	2.24	1%
PVA – 3	17.22	57.78	2.24	3%
PVA – 4	29.31	45.69	2.24	5%

3. 薄膜浸渍法

薄膜浸渍法制备纳米纤维素/聚乙烯醇复合膜的原理图如图 15 – 2 所示。

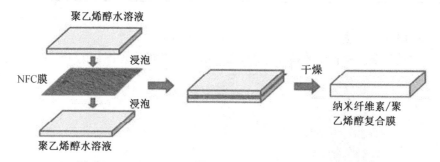

图 15 – 2　薄膜浸渍法制备纳米纤维素/聚乙烯醇复合膜的原理图

向 500 mL 的烧杯中加入 9.02 g 聚乙烯醇(PVA)和 300mL 去离子水,在 90 ℃下水浴一小时直至溶解制得 30 g/L 的成膜液,取该溶液 50 mL 按前述方法制得一层纯 PVA 膜,然后将 NFC 水溶胶(4.04 g/L)分别稀释为质量浓度 1.87 g/L、3.16 g/L、4.04 g/L,各量取 50 mL 稀释液铺膜,在风干后的 NFC 膜上继续铺上前述的 PVA 膜。最终得到 NFC 含量为 3%、5%、7% 的 PVA/NFC/PVA 膜,记为 TL – 1(three layers)、TL – 2、TL – 3。

4. 木醋液的精制及复合膜的制备

量取 500 mL 粗制木醋液原液,利用水蒸气蒸馏 4 h,将收集的馏分用乙醚萃取,加入适量的干燥剂,选用无水硫酸钠干燥 20 min,过滤后在 40 ℃ 水浴锅中将乙醚溶剂蒸发除净,即可制得精制木醋液,得率为 0.41 g/L。分别量取 5 mL 所得精制木醋液添加至质量分数为 5% 的 NFC 水溶胶中,制得含有木醋液的 NFC/PVA 复合膜和 NFC/PVA/NFC 夹膜,记为 M – 1、M – 2。

5. 样品表征

从各样品膜剪下 3 段 1.5 cm×15 cm 的条形膜,用螺旋测微仪对各条形膜上 6 个随机点的厚度进行测量,求得平均厚度 d,在 40 mm/min 的速度下用 LDX - 200 液晶屏显示智能电子万能试验机测试样品膜的拉伸强度和断裂伸长率,进行力学性能表征;将样品膜夹到 TU - 1901 双光束紫外可见分光光度计的样品夹上,空气为参照,在 200~800 nm 进行扫描,进行透光率表征;将制得的样品膜用液氮冷冻脆断取断口做断面,表面直接取样,喷金处理,采用 Quanta200 环境扫描电子显微镜对样品膜进行表征;采用 MAGNA - IR560 型傅里叶变换红外光谱仪对样品膜进行化学态表征,波长范围为 400~4 000 cm^{-1}。

15.1.3　实验结果与分析

1. 微观形貌分析

样品膜的表面形貌和断面形貌如图 15 - 3 所示。从图 15 - 3 中可以看出,物理共混法制备得到的 PVA - 0、PVA - 2、PVA - 4 表面平整,这可以说明超声波振荡和细胞破碎能够对 NFC 水溶胶的分散起积极作用。图 15 - 3(d)和图 15 - 3(f)中,纳米纤维素膜和聚乙烯醇是相互渗透,紧密结合为一体的。当 NFC 的加入量增多,膜表面不平整度增加,断面缺陷也逐渐增多。造成这一现象的主要原因可能是 NFC 发生了团聚现象。图 15 - 3 的(g)~(j)是通过薄膜浸渍法制得的复合膜,从图中可以观察到纳米纤维素和聚乙烯醇复合膜断裂面的层和情况,由图 15 - 3(b)和图 15 - 3(j)知二者临界已经相互渗透作用紧密联结。由图 15 - 3(j)可察觉在芯层的表层有片状聚乙烯醇。由图 15 - 3 的(k)~(n)可以看出,木醋液的添加对纳米纤维素/聚乙烯醇复合膜在微观上并没有多大的影响,甚至能够从聚乙烯醇的表面渗透出。

2. 力学性能分析

样品膜的力学性能见表 15 - 4。

表 15 - 4　样品膜的力学性能

编号	拉伸强度/MPa	断裂伸长率/%
PVA - 0	41.34	145.5
PVA - 1	48.26	81.4
PVA - 2	59.13	72.5
PVA - 3	35.58	48.6

表 15 −4(续)

编号	拉伸强度/MPa	断裂伸长率/%
PVA −4	30.45	41.3
TL −1	63.38	98.8
TL −2	68.64	83.7
TL −3	74.72	64.5
M −1	42.21	70.8
M −2	65.44	78.6

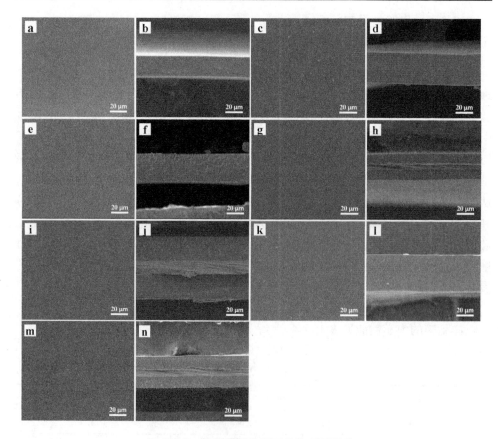

图 15 −3 样品膜的表面形貌和断面形貌

(a)PVA −0 表面形貌;(b)PVA −0 断面形貌;(c)PVA −2 表面形貌;(d)PVA −2 断面形貌;
(e)PVA −4 表面形貌;(f)PVA −4 断面形貌;(g)TL −2 表面形貌;(h)TL −2 断面形貌;(i)TL −3 表面形貌;
(j)TL −3 断面形貌;(k)M −1 表面形貌;(l)M −1 断面形貌;(m)M −2 表面形貌;(n)M −2 断面形貌

从表 15 - 4 中可以看出, 与纯 PVA 膜相比, 将 NFC 引入能够增强 PVA 膜的力学性能, 集中表现在复合膜的拉伸强度有显著的提高, 物理共混法制备的复合膜中, 随 NFC 的添加量增大膜的拉伸强度总体上呈现先增大后减小的趋势, 添加量为 1% 时膜的拉伸强度达到峰值, 较 PVA - 0 提高 40.61%, 断裂伸长率较 PVA - 0 有所降低; 薄膜浸渍法制备的 TL - 1 较 PVA 膜拉伸强度有明显提升, 增加了53.31%, 当 NFC 添加量为 7% 时, TL - 3 较 PVA - 0 的力学性能提高 80.75%, 足以证明薄膜浸渍法中的 NFC 夹层对整体膜的力学性能有很大的提高; 而 PVA - 4 较 PVA 膜拉伸强度降低了 35.76%, 这是由于 NFC 夹层的存在会阻碍 PVA 分子间的氢键作用, 因而导致力学性能降低。综上所述, 薄膜浸渍法不存在共混均匀性的问题, 浸渍膜兼备着 PVA 和 NFC 共同具备的力学特征, 且 NFC 的添加量将成为影响纳米复合膜力学性能的重要因素。

3. 透光性能分析

样品的透光率如图 15 - 4 所示。

从图 15 - 4 中可以看出, 由物理共混法制备的样品膜的透光率要低于纯 PVA 膜, 随 NFC 添加量的增加透光率逐渐降低, 图中纯 PVA 膜对可见光的透光率高达90%。当 NFC 添加量小于 1% 时, 复合膜的透光性降低幅度并不明显, 透光率均在80% 以上, 当 NFC 添加量高于 1% 时, 由于 NFC 发生团聚现象, 共混过程中二者难以完全均匀混合, 导致共混膜的透光性降低。薄膜浸渍法制备的样品膜的透光率与纯 PVA 膜相比呈降低趋势, 但幅度不大, TL - 1 和 TL - 2 的透光率接近, 均在80% 以上, 当 NFC 添加量为 7% 以上时, 透光率在 65% 以上, 可能是由于作为芯层的 NFC 膜厚度增加而使得透光率有所下降。复合膜的透光率的变化说明将适量的 NFC 添加到聚乙烯醇中对复合膜的透光性能影响不大, 具有一定的实际应用意义。当在复合膜中加入木醋液后, 样品膜透光率均下降, 主要原因是精制木醋液本身呈黄色。

4. 红外分析

样品的红外光谱图如图 15 - 5 所示。

由图 15 - 5 可知, PVA - 4、TL - 2 和 PVA - 0 这三者的红外光谱图中, 波峰位置基本保持一致, 结合图 15 - 3 可知纳米纤维和聚乙烯醇之间的结合本质上是属于物理性质的, 而非化学性质的, 是在二者的羟基氢键作用力结合的物理过程。从图 15 - 5 中可以看出, NFC 与 PVA 成膜后在 3 290 cm^{-1} 附近—OH 伸缩振动显示向着低波段移动并且峰宽变大, 说明成膜后 NFC 和 PVA 之间发生氢键作用力有较高的缔合度。图 15 - 5 中 b、c、d、e 均在 1 090 cm^{-1} 处有 C—O 伸缩振动吸收峰, 由此可以得知 b、c、d、e 应均为 PVA, 说明 PVA 在浸渍膜中是单独存在的。图 15 - 5 中 e 的吸收峰开始变窄, 这可能是木醋液的加入导致的。

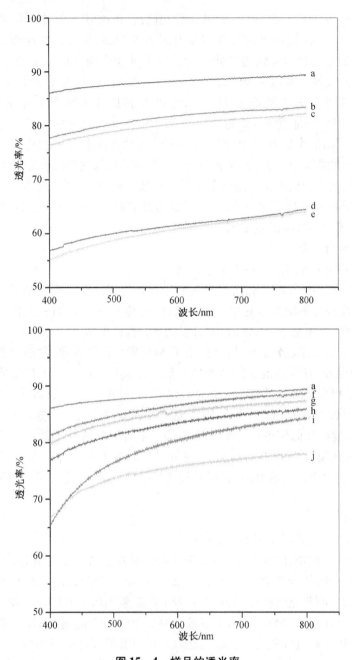

图 15 – 4 样品的透光率

a—PVA – 0;b—PVA – 1;c—PVA – 2;d—PVA – 3;e—PVA – 4;

f—TL – 1;g—TL – 2;h—L – 3;i—M – 2;j—M – 1

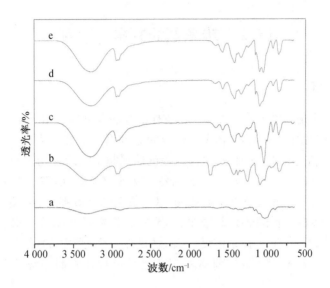

图 15 – 5 样品的红外光谱图

a—纳米纤维素；b—PVA – 0；c—PVA – 4；d—TL – 2；e—M – 1

15.1.4 小结

(1)从复合膜的红外光谱图与 SEM 图可以看出纳米纤维素与聚乙烯醇的共混和层层自组装没有发生化学变化，仅发生基于二者羟基的氢键作用力而结合的物理过程。

(2)与纯 PVA 膜对比，NFC 添加量为 1% 时，拉伸强度达到最大值 59.13 MPa，较 PVA – 0 提高 40.61%。薄膜浸渍法中，复合膜的拉伸强度较纯膜可以提高 80.75%，样品膜的断裂伸长率呈下降趋势。薄膜浸渍法制备的薄膜在同等条件下要优于物理共混法制备的薄膜，力学性能和透光率都更强，为后续转光膜的制备提供了具有可行性的依据。

(3)复合膜的透光率随着 NFC 含量的增加有所降低，适量的添加量对透光率影响不大。

(4)添加木醋液的复合膜的力学性能、透光性能均略有所下降，适量添加影响不大。

15.2　转光剂的制备与表征

15.2.1　概述

硫化锌 ZnS 是一种宽带隙半导体,是有良好的荧光特性和电致发光性能的化合物,自然界中硫化锌的存在形式主要分为立方闪锌矿和六方纤锌矿。纯的 ZnS 材料稳定性差、光谱响应范围短,这极大程度地限制了它的应用。而通过向硫化锌里掺杂过渡金属离子或改善硫化锌的制备方法能够有效地解决这一问题。当前,人们研究较多的是在酸性条件下制备 Mn、Cd 掺杂的 ZnS 粉体,而关于 $Zn: Sm^{3+}$ 作为一种红外光转换材料的研究却很少,本节实验将在碱性体系下水热合成制备的 $ZnS: Sm^{3+}$ 粉体,探讨 Sm^{3+} 掺杂浓度对其晶相结构、发光性质的影响。此外,还采用共沉淀法制备了 $ZnMoO_4: Sm^{3+}$ 前躯体,用高温烧结成转光剂,分析其荧光性能。

15.2.2　实验

1. 实验材料与仪器

实验材料见表 15 - 5。

表 15 - 5　实验材料

药品名称	规格	生产厂家
乙二胺	分析纯	天津博迪化工股份有限公司
氧化钐	分析纯	天津市纵横兴工贸有限公司
乙酸锌	分析纯	天津市致远化学试剂有限公司
硫脲	分析纯	天津市致远化学试剂有限公司
硝酸	分析纯	紫洋化工厂
六水合硝酸锌	分析纯	天津市科密欧化学试剂有限公司
四水合钼酸铵	分析纯	天津市化学试剂四厂
二水合钼酸钠	分析纯	天津市化学试剂四厂
氨水	分析纯	天津石英钟厂霸州市化工分厂

实验仪器见表 15 - 6。

表 15 - 6　实验仪器

仪器名称	生产厂家
TU - 1901 双光束紫外可见分光光度计	北京普析通用仪器有限责任公司
LS55 荧光光谱仪	美国珀金埃尔默仪器有限公司
Quanta200 环境扫描电子显微镜	美国 FEI 公司
D/MAX - RB 型 X 射线衍射仪	日本理学(RIGAKU)仪器有限公司
KSL1700X 型高温烧结炉	合肥科晶材料技术有限公司

2. 方法

(1)ZnS: Sm^{3+} 转光剂的制备

根据 ZnS: Sm^{3+} 的化学式精确称取确定的原材料的化学计量比硫脲,乙酸锌,氧化钐。分别称量氧化钐 0 g、0.124 g、0.208 g、0.416 g、0.832 g 溶解于 60 mL 的稀硝酸溶液中配制成 $Sm(NO3)_3$ 溶液,标记为 A - 0、A - 1、A - 2、A - 3、A - 4,然后分别加入称量好的硫脲及乙酸锌,于室温下磁力搅拌 2 h 形成均一体溶液,乙二胺作为溶剂,按照乙二胺/水体积比为 1:2 量取 30 mL 加入,混合均匀后将其转移至 100 mL 带聚四氟乙烯内衬的水热合成反应釜中(填充度为 80%),密封并放入数显鼓风干燥箱,缓慢加热升温至 170 ℃,经 14 h 的高温反应后自然冷却至室温、过滤,并用去离子水清洗 3 次,用无水乙醇清洗 5 次,充分洗涤后干燥、研磨成粉即制得钐离子掺杂的物质的量浓度为 0%、1%、3%、5% 和 10% 的 ZnS: Sm^{3+} 荧光粉样品。

(2)$ZnMoO_4/ZnMoO_4$:2% Sm^{3+} 转光剂的合成

分别精确量取两份 20.8 g 的 $ZnNO_3 \cdot 6H_2O$,12.36 g 的 $(NH_4)_6Mo_7O_{24} \cdot 4H_2O$,一份溶解于 50mL 的蒸馏水中记为 B - 1,另一份加入 0.23 g 的 Sm_2O_3 一同溶解于 50 mL 稀硝酸溶液制成 $Sm(NO_3)_3$ 溶液记为 B - 2,二者均在室温下磁力搅拌 1 h,形成透明的溶液。随后,在两份溶液中加入 5.5 mL 的氨水,烧杯中立即出现白色沉淀。静置 2 h,将沉淀过滤,并用去离子水洗涤多次。将白色沉淀物放入鼓风箱在 80 ℃ 的条件下干燥 3 h,形成前驱体粉末,研磨前驱体粉末,放入马弗炉,800 ℃ 的自然环境气氛下烧结 2 h,制得白色的 $ZnMoO_4$ 粉末和橙红色 $ZnMoO_4$: Sm^{3+} 荧光粉末。

(3)$NaSm(MoO_4)_2$ 转光剂的制备

称取 0.87 g 的 Sm_2O_3 溶解于 25 mL 的稀硝酸中制成 $Sm(NO_3)_3$ 溶液记为溶液 A,称取 10.9 g 的 $NaMoO_4 \cdot 2H_2O$ 溶解于 50 mL 的蒸馏水中记为溶液 B,将溶液 A

滴加到溶液 B 中形成悬浊液,然后将悬浊液转移至 100 mL 带聚四氟乙烯内衬的水热合成反应釜中(填充度为 80%),密封并放入数显鼓风干燥箱,缓慢加热升温至 220 ℃,经 12 h 的高温反应后自然冷却至室温。过滤、洗涤、烘干得到前驱体,将前驱体放入马弗炉,800 ℃条件下烧结 3 h 得到样品,记为 C - 1。

3. 样品表征

选择适当激发波长,采用 LS55 荧光光谱仪对 A - 0、A - 1、A - 2、A - 3、A - 4、B - 1、B - 2、C - 1 测试得到相应的荧光发射光谱。将 A - 0、A - 1、A - 2、A - 3、A - 4、B - 2 喷金处理,采用 Quanta200 环境扫描电子显微镜观察其微观形貌;采用 D/MAX - RB 型 X 射线衍射仪对硫化锌掺锰样品和钼酸锌及其掺杂样品进行结晶态表征,测试条件为室温铜靶 Kα 辐射,加速电压为 40 kV,电流为 50 mA,扫描速度为 5 (°)/min,衍射角度 $2\theta = 5° \sim 80°$。

15.2.3 结果与分析

1. SEM 分析

不同钐掺杂量 $ZnS: Sm^{3+}$ 粉末的 SEM 图如图 15 - 6 所示。图 15 - 6 为在 170 ℃条件下,水热反应 14 h 制备的不同钐掺杂量硫化锌 SEM 图。

图 15 - 7 为 Sm^{3+} 掺杂的物质的量浓度为 3% 的 $ZnS: Sm^{3+}$ 样品的 EDS 能谱。$ZnS: Sm^{3+}$ 样品的成分分析见表 15 - 7。从图 15 - 6(a)中可看出,纯硫化锌呈表面光滑且规则的球形,颗粒尺寸分布匀称,且纯硫化锌的平均粒径要略大于掺杂钐后的硫化锌,可以说明掺钐后硫化锌的晶格结构并未发生改变。图 15 - 6(b)中颗粒尺寸略显大小不一,主要是因为有微量的钐掺入;图 15 - 6(c)颗粒尺寸均一,表面相对光滑,有微量的小颗粒附着在表面,结合图 15 - 6 及表 15 - 7 给出的 Zn、S、Sm^{3+} 的含量,可以发现有部分 Sm^{3+} 替代 Zn^{2+} 进入到晶格中。图 15 - 6(d)及图 15 - 6(e)中颗粒细化并出现聚集现象,球体表面有小球包裹,光滑度下降,尺寸大小不一且分布散乱,影响了晶格生长。综上所述,可知钐的掺入对于硫化锌粉体的微观形貌并未产生很大的影响,Sm^{3+} 掺杂物质的量浓度为 3% 的 $ZnS: Sm^{3+}$ 极大可能为最佳掺杂浓度的 $ZnS: Sm^{3+}$,需结合 XRD 分析结果进行论证。

表 15 - 7　$ZnS: Sm^{3+}$ 样品的成分分析

样品	$X(Zn)\%$	$X(S)\%$	$X(Sm^{3+})\%$
$ZnS: Sm^{3+}$	49.02	49.30	1.68

图 15 - 6　不同钐掺杂量 ZnS：Sm^{3+} 粉末的 SEM 图

(a)纯硫化锌；(b)1% 的钐掺杂量的硫化锌；(c)3% 的钐掺杂量的硫化锌；
(d)5% 的钐掺杂量的硫化锌；(e)10% 的钐掺杂量的硫化锌

2. XRD 分析

图 15 - 8 是不同 Sm^{3+} 掺杂的物质的量浓度的 ZnS：Sm^{3+} 在 170 ℃反应 14 h 所制得样品的 XRD 图。从图 15 - 8 中可以看出,5 个不同掺杂浓度的 XRD 图均有 3 个衍射峰,衍射角 2θ 为 28.35°、47.28°、56.46°,经与标准卡片 JCPDS No. 05 - 0556 对比,衍射峰对应的晶面为(111)、(220)和(311),确定了纯 ZnS 及 ZnS：Sm^{3+} 的晶体结构相同,均为立方闪矿锌结构。这说明 Sm^{3+} 掺入并没有导致硫化锌的晶体结构发生变化,具有单一物相,纯度高。从图 15 - 8 中还可以看出,随着 Sm^{3+} 的掺杂浓度的增加,晶面所对应的峰的位置向右微移,峰强度也削弱,说明由于掺入的

Sm^{3+} 半径比 Zn^{2+} 的大,同时取代 Zn^{2+} 进入晶格造成晶格畸变,影响了晶体生长,结晶度下降。结合 SEM 分析,可得出 Sm^{3+} 掺杂的物质的量浓度为 3% 是最佳浓度。

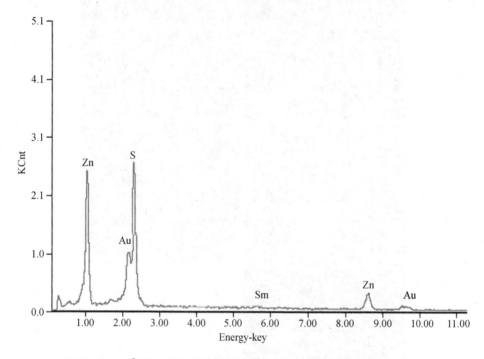

图 15 – 7　Sm^{3+} 掺杂的物质的量浓度为 3% 的 $ZnS:Sm^{3+}$ 样品的 EDS 图

图 15 – 9 是 800 ℃ 2 h 下合成的 $ZnMoO_4:2\% Sm^{3+}$ 橙红色发射荧光粉的 XRD 图。图 15 – 10 为 $ZnMoO_4$(钼酸锌,PDF35 – 0765)的标准衍射图谱。经与标准卡片对比,主要的衍射峰的对应的衍射角 2θ 分别为 24.88°、26.96°,与之相对应的晶面为($-1,2,0$)、($-\overline{2},2,0$),由此可以说明所制得样品属于三斜晶系的钼酸锌,与 PDF 标准卡比较可发现样品图谱中的衍射峰位置整体向右侧微移,造成这一现象的原因主要是由于掺入的 Sm^{3+} 半径比 Zn^{2+} 的大,同时取代 Zn^{2+} 进入晶格,还有可能是在制备前驱体的过程中氨水没有被完全洗去,导致带来的杂质和缺陷的影响造成衍射峰右移。

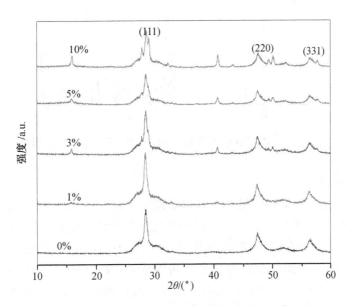

图 15 – 8　不同 Sm^{3+} 掺杂的物质的量浓度的 ZnS∶Sm^{3+} 在 170 ℃
反应 14 h 所制得样品的 XRD 图

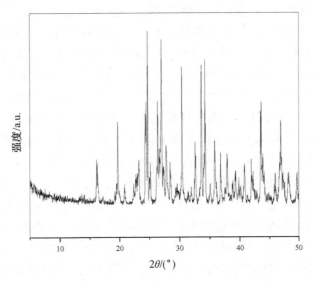

图 15 – 9　800 ℃ 2 h 下合成的 ZnMoO$_4$∶2%Sm^{3+} 橙红色发射荧光粉的 XRD 图

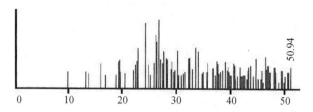

图 15 – 10   ZnMoO$_4$（钼酸锌，PDF35 – 0765）的标准衍射图谱

3. 荧光分析

图 15 – 11 为纯 ZnS 和不同 Sm^{3+} 掺杂浓度下制备的 ZnS: Sm^{3+} 粉体的激发光谱和发射光谱。由图 15 – 11（a）可知，纯硫化锌的激发波长为 375 nm，发射波长为 558 nm。图 15 – 11（b）中的激发波长均为 392 nm，Sm^{3+} 掺杂量为 1%、3%、5%、10% 的 ZnS: Sm^{3+} 粉体的发射波长依次为 569 nm、572 nm、568 nm、570 nm，说明 Sm^{3+} 成功掺杂到 ZnS 晶体中后，发射光谱发生红移现象。硫化锌的发光是由硫空位引起自缺陷引起的，对应的发射峰位置位于 570 nm，又因为 Sm^{3+} 的半径比 Zn^{2+} 的要大，所以当掺杂 Sm^{3+} 后，Sm^{3+} 会取代晶格中的 Zn^{2+}，发生能级跃迁。Sm^{3+} 的掺杂浓度越来越大时，发光中心体增多，发光的强度也加大。超过 3% 后，发光强度逐渐减弱，这是因为 Sm^{3+} 掺杂量加大容易导致晶格发生畸变影响晶体生长，此外掺杂浓度越高粒子之间的共振越强，发光强度也容易减弱。这再次证明在后续研究中 Sm^{3+} 掺杂量为 3% 的 ZnS: Sm^{3+} 粉体是用来制备转光膜材料的最佳配比。

图 15 – 12 为水热反应及烧结制备 NaSm（MoO$_4$）$_2$ 粉末的激发光谱和发射光谱。从图 15 – 12 中可以看出激发波长的峰值为 395 nm，发射波长为 570 nm 和 650 nm。在 NaSm（MoO$_4$）$_2$ 红色转光剂中有两个发射峰，这是由于荧光体发光中心和晶格的耦合情况有两种，第一种是钼酸根离子的耦合，另外一种是 Sm^{3+} 激活剂的耦合。占主导地位的是钼酸根离子的耦合作用，钼酸根离子基团吸收来自外界的激发能量时，可以把能量传递给激活剂 Sm^{3+}，因而产生特征红光。水热反应时长选择为 12 h 以及烧结温度选择 800 ℃ 是因为时间过长和温度过高都将对样品的发光性能造成影响。时间越长，样品越容易发生团聚现象。395 nm 的光波正好在紫光范畴中，样品也能够很好地吸收紫光，发射出利于植物光合作用的红橙光，在后续研究中，该样品不失为制备复合转光膜的好选择。

图 15 – 13 是在 800 ℃ 2 h 下合成的 ZnMoO$_4$: 2% Sm^{3+} 荧光粉的激发光谱和发射光谱。对于 Sm^{3+} 掺杂钼酸锌，Sm^{3+} 一般只能够检测到小于 500 nm 的吸收跃迁特征峰，ZnMoO$_4$: 2% Sm^{3+} 荧光粉呈淡黄色，可以被紫光有效激发，从图 15 – 13 中我们可

以观察到当激发波长为 305 nm 时,在 620 nm 处有很强的发光峰,有很大的发光强度。305 nm 的光波处于紫光范畴,620 nm 波段的光是红光。因此,$ZnMoO_4:2\% Sm^{3+}$ 可作为转光剂添加到复合转光材料中。

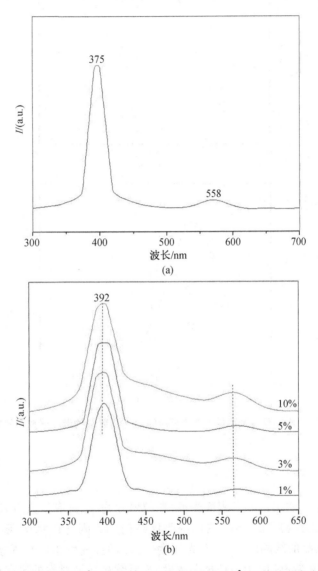

图 15 − 11　纯 ZnS 和不同 Sm^{3+} 掺杂浓度下制备的 ZnS: Sm^{3+} 粉体的激发光谱和发射光谱

(a)纯 ZnS;(b)不同 Sm^{3+} 掺杂浓度下制备的 ZnS: Sm^{3+} 粉体

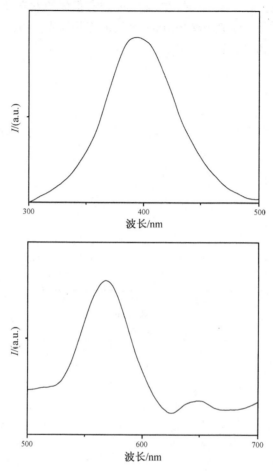

图 15 – 12   水热反应及烧结制备 NaSm(MoO₄)₂粉末的激发光谱和发射光谱

15.2.4　小结

（1）采用水热法可以制备表面光滑、颗粒尺寸均一、具有转光效果的 ZnS: Sm³⁺ 粉体。纯的硫化锌和 ZnS: Sm³⁺ 粉体的晶体结构均为闪锌矿结构，随着 Sm³⁺ 掺杂浓度的增加，样品的结晶度下降，发光强度先强后弱，发生了红移现象。Sm³⁺ 掺杂的物质的量浓度为 3% 时为最佳掺杂浓度，为后续光转换材料的研究提供了依据。

（2）ZnMoO₄: 2% Sm³⁺ 荧光粉，最大激发波长是 305 nm，在这个波段正好对应 Sm³⁺ 的内部能级跃迁。ZnMoO₄: 2% Sm³⁺ 还是一种能够被紫光有效激发发射出橙红色光的荧光粉，是一种很有开发潜力的稀土掺杂转光剂。

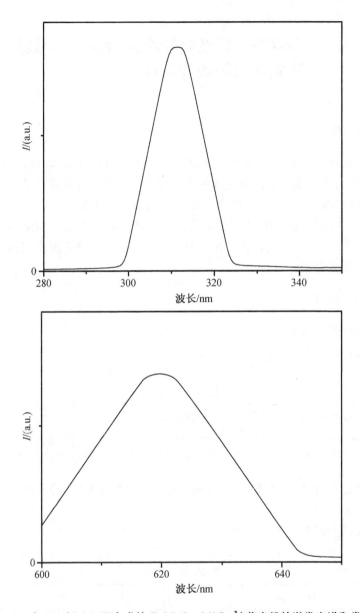

图 15-13　在 800 ℃ 2 h 下合成的 ZnMoO$_4$:2%Sm^{3+} 荧光粉的激发光谱和发射光谱

15.3　毛竹纳米纤丝化纤维素/聚乙烯醇复合转光膜的制备与表征

15.3.1　概述

本节实验在前期物理共混法和薄膜浸渍法制备纳米纤维素/聚乙烯醇复合膜的实验基础上,经过前期实验探究选用薄膜浸渍法制备的复合膜作为基材,芯层是添加量为 5% 的纳米纤维素,同时引入添加量为千分之五的 $ZnS: Sm^{3+}$ 转光剂粉末和 $ZnMoO_4: 2\% Sm^{3+}$ 转光剂,从而制备出具有良好的力学性能、透光性能、荧光性能的纳米纤维素/聚乙烯醇复合膜。在此基础上在芯层添加 5% 的木醋液,还可以制备出农用转光复合膜。

15.3.2　实验

1. 实验材料及仪器

实验材料见表 15 – 8。

表 15 – 8　材料

药品名称	规格	生产厂家
聚乙烯醇 1 750 ± 50	分析纯	国药集团化学试剂有限公司

纳米纤维素参照第 14 章制备,木醋液参照第 15 章制备,转光剂选用 15.2 节中的 A – 2 和 B – 2。

实验仪器见表 15 – 9。

表 15 – 9　仪器

仪器名称	生产厂家
电子恒速搅拌器	上海申生科技有限公司
TU – 1901 双光束紫外可见分光光度计	北京普析通用仪器有限责任公司
LS55 荧光光谱仪	美国珀金埃尔默仪器有限公司
LDX – 200 液晶屏显示智能电子万能试验机	北京兰德梅克包装材料有限公司

2. 转光复合膜的制备

按照 15.1 节的实验方法,先配制质量分数为 3% 的 PVA 成膜液。量取 50 mL 的成膜液,超声处理 15 min,真空脱泡 5 min,在平整的聚四氟乙烯铺膜板上用载玻片刮匀,干燥 24 h 制得一层 PVA 基底。准确量取 3.16 mL 的 15.1 节制备所得的 NFC 水溶胶(4.04 g/L)加 39.11 mL 蒸馏水稀释,加入充分研磨后的千分之五的 $ZnS:Sm^{3+}$ 转光剂粉末,室温下磁力搅拌 30 min,细胞破碎 15 min,超声波处理 15 min,得到成膜液,在 PVA 基底上铺上成膜液,交替沉积自组装得到芯层。最后,量取 50 mL 的 PVA 成膜液在芯层交替沉积自组装得到最上层的 PVA 层,最终制得 NFC 添加量为 5%,转光剂添加量为千分之五的纳米纤维素/聚乙烯醇复合转光膜,记为 TL – A。同理,可以制备出 $ZnMoO_4:2\%Sm^{3+}$ 纳米纤维素/聚乙烯醇复合转光膜,记为 TL – B。在此基础上在芯层加入 5% 的木醋液便可制得纳米纤维素/聚乙烯醇复合农用转光膜,记为 TL – D。

3. 样品表征

选择适当激发波长,采用 LS55 荧光光谱仪对 TL – A、TL – B 进行测试得到荧光发射光谱。从各样品膜剪下三段 1.5 cm×15 cm 的条形膜,用螺旋测微仪对各条形膜上 6 个随机点的厚度进行测量,求得平均厚度 d,在 40 mm/min 的速度下用 LDX – 200 液晶屏显示智能电子万能试验机测试样品膜的拉伸强度和断裂伸长率,进行力学性能表征。将样品膜夹到 TU – 1901 双光束紫外可见分光光度计的样品夹上,空气为参照,在 200～800 nm 进行扫描,进行透光率表征。

15.3.3　实验结果与分析

1. 力学性能分析

转光复合膜的力学性能见表 15 – 10。

表 15 – 10　转光复合膜的力学性能

编号	拉伸强度/MPa	断裂伸长率/%
PVA – 0	41.34	145.50
TL – 2	68.64	83.70
M – 2	65.44	78.60
TL – A	57.92	48.70
TL – B	55.67	46.70
TL – D	52.72	42.80

从表15-10中可以看出,TL-A的拉伸强度为57.92 MPa,比纯PVA膜的拉伸强度大,比TL-2的小。断裂伸长率都下降,由此说明NFC的添加对复合转光膜的力学拉伸性能有促进作用。TL-A、TL-B的拉伸强度与断裂伸长率都随着转光剂的加入而降低,这可能是由于转光剂属于无机粒子,无机粒子与高分子基体相容性差,阻碍了NFC与PVA相互接触,两者之间的氢键结合力下降。M-2、TL-D与同比例下的纳米纤维素/聚乙烯醇膜相比,二者的力学性能均降低,这可能是因为木醋液无法和NFC良好地形成均一体溶液。但降低的幅度并不大,因此木醋液的加入对复合转光膜的力学性能影响不大。

2. 透光性能分析

图15-14(a)为ZnS:Sm^{3+}转光膜上任意选择3个区域所测的透光率,图中3条曲线几乎完全重合,说明膜整体比较均匀。400~800 nm波段的透光率均在50%以上能实现转光膜的应用。图15-14(b)为ZnMoO$_4$:2% Sm^{3+}转光膜及木醋液ZnMoO$_4$:2% Sm^{3+}转光膜的透光率,TL-B的透光率要高于TL-D,这可能是由于木醋液本身呈淡黄色,将木醋液引入到转光复合膜中,其本身自带的颜色会导致膜的透光率略微降低。整体的透光率能保证在70%以上,说明复合膜的透光性能良好,可进行实际应用。

3. 荧光性能分析

转光膜的荧光发射光谱图如图15-15所示。

从图15-15中可以看出,TL-A激发波长为395 nm,发射峰对应的波长为572 nm。由此可以说明TL-A具有良好的转光效果,结合15.2节转光剂的荧光测试,Sm^{3+}掺杂的物质的量浓度为3%时转光效果最好。图15-15(b)是选用305 nm作为激发波长对转光膜TL-B进行的荧光测试,在620 nm监测到发射波长,这一结论有力地说明了紫光转为红光。这说明所制备的复合膜具有良好的光转换效果,达到了实验预想效果。

15.3.4 小结

(1)所制备的转光复合膜的拉伸强度比纯聚乙烯醇膜高,说明纳米纤维素的添加使复合膜在力学性能上有所提升。

(2)ZnS:Sm^{3+}转光膜上任意选择三个区域所测的透光率,三条曲线几乎完全重合,说明膜整体比较均匀。复合膜整体的透光率能保证在70%以上说明复合膜的透光性能良好,可进行实际应用。

(3)选用305 nm作为激发波长对ZnMoO$_4$:2% Sm^{3+}转光膜进行荧光测试,在620 nm监测到发射波长。这充分论证了该复合转光膜具有将紫光转换成有利于植物生长的红橙光的效果,达到了实验预期效果。

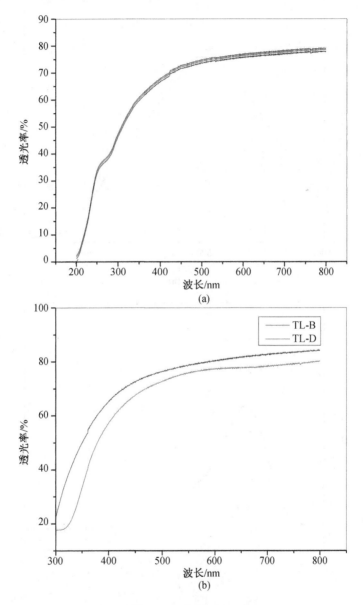

(a)

(b)

图 15-14 转光膜的透光率

(a) ZnS: Sm^{3+} 转光膜; (b) $ZnMoO_4$: 2% Sm^{3+} 转光膜及木醋液 $ZnMoO_4$: 2% Sm^{3+} 转光膜

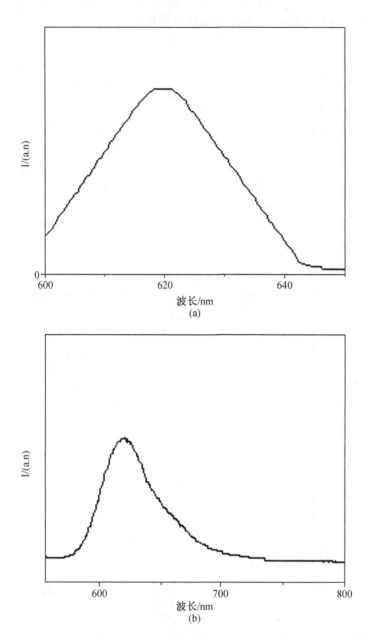

图15-15　转光膜的荧光发射光谱图

(a)TL-A;(b)TL-B

第16章 结 论

本书主要结论如下。

（1）基于 NaOH/尿素/水溶剂体系，提出了新的 pH 值反转的滴液－悬浮凝胶法，该法有利于纤维素球形液滴的平衡和稳定，从而制备出了均匀的纤维素水凝胶球，通过溶剂置换和冷冻干燥处理得到了相应的高孔隙率、低密度的纤维素气凝胶球。该法制备的凝胶产品有着高的形态稳定性和核壳结构，不同浓度和不同原料的纤维素凝胶球都表现出较高的比表面积和丰富的孔体积。该法也较好地适用于多种纤维素原料，具有很好的原料适应性，同时在制备前后纤维素原料的化学态组成没有改变，仅使纤维素的结晶结构从 I 型转变为 II 型，并且初始原料的结晶度对最终凝胶球产品的结晶度影响不大，最终产品的结晶度均为 72%。

（2）pH 值反转的滴液－悬浮凝胶法对纤维素基复合凝胶球的制备也有着较好的适应性，采用海藻酸钠和甲壳素作为阳离子染料和金属离子的吸附组件，可以制备出一定比例的海藻酸钠或甲壳素/竹纤维纤维素复合水凝胶球，在海藻酸钠或甲壳素含量小于等于 50% 时，纤维素复合水凝胶都保持稳定的球形结构，内部呈现出丝状交叉的三维网络多孔结构。海藻酸钠或甲壳素与纤维素的复合主要通过氢键等物理作用聚集结合在一起。当海藻酸钠含量小于等于 50% 时，海藻酸钠/竹纤维纤维素复合水凝胶球的比表面积和中孔体积分别为 300 m^2/g 和 1.403 cm^3/g，同时又有着相对较高的羧基含量，在阳离子染料吸附处理中该凝胶对亚甲基蓝、罗丹明 6G 和金胺 O 都表现出较高吸附量，其中在 50 mg/L 亚甲基蓝中它的吸附量为 44.50 mg/g，去除率为 89%，该吸附过程适合在溶液中性或弱碱性条件下进行，并且较好地符合 Freundlich 吸附模型、准二级动力学方程以及粒子内扩散模型。吸附后的吸附剂可以通过 1 mol/L 的 HCl 溶液进行解析，5 次吸附－脱附后仍能保持初始值 81% 的吸附量。当甲壳素含量小于等于 50% 时，甲壳素/竹纤维纤维素复合水凝胶球也具有较大的比表面积和中孔体积，数值分别为 328.1 m^2/g 和 1.642 cm^3/g，在 Pb^{2+} 吸附处理中该复合凝胶球的饱和吸附量为 0.712 mmol/L，并且该吸附过程较好地符合 Langmuir 吸附模型和准二级动力学方程，是基于氨基与 Pb^{2+} 络合作用的均匀单分子层化学吸附。在脱附－重用实验中，经过 5 次吸附－脱附过程该凝胶球仍能保持初始值 70% 的吸附量。

（3）pH 值反转的滴液－悬浮凝胶法制备的纤维素水凝胶球也可通过表面化学改性进行性能改良，经过 12 h 的 TEMPO 氧化反应，纤维素水凝胶球既保留了原有的球形结构,又具有了较高含量的羧基(1.25 mmol/g),同时其表面密集度也大大降低,内部网络化程度增强,比表面积和中孔体积得到了提升,分别为339.6 m^2/g 和1.731 cm^3/g。该化学改性纤维素凝胶球对阳离子染料和金属阳离子都表现出良好的吸附性能,对100 mL 5 mg/L 金胺 O 溶液的吸附量为 0.83 mmol/g,对50 mL金属阳离子水溶液(20 mmol/L)的吸附能力大小为 $Cu^{2+} > Cd^{2+}$,Pd^{2+},$Ni^{2+} > Zn^{2+}$,吸附量均在 0.44 mmol/g 以上。

(4)通过原位合成成功地将纳米 Ag_2O 颗粒引入到纤维素凝胶球网络中制备出 Ag_2O/竹纤维纤维素复合气凝胶球,该复合气凝胶球内部保持良好的三维网络结构,纳米 Ag_2O 颗粒较为均匀地分布到纤维素骨架上,而纳米 Ag_2O 颗粒的引入导致纤维素气凝胶球的比表面和孔径有所减小,但是气凝胶的孔结构类型没有改变。在 I_2 蒸气吸附中,Ag_2O/竹纤维纤维素复合气凝胶球对 I_2 蒸气有着良好的物理和化学吸附作用,吸附量高达 87.8 mg/g。通过表面硅烷基化反应快速合成出超轻、多孔的疏水纤维素气凝胶球,该硅烷基化的纤维素气凝胶具有良好的疏水特性,并呈现出纤维素气凝胶的丝网状结构,表观密度和总孔体积分别为 17.6 mg/cm^3 和56.11 cm^3/g。在油脂吸附性能测试中该气凝胶球具有良好的吸附选择性,对几种油脂的吸附量为 30 ~ 60 g/g。同时它还具有良好的吸附重用性,在对甲苯的 5次吸附 – 脱附测试中其吸附量稳定在 40 g/g,并且在重复利用过程中保持了较高的结构稳定性。通过 pH 值反转的滴液 – 悬浮凝胶法和乙酸处理制备壳聚糖/纤维素复合气凝胶球,该气凝胶球有着极丰富的孔隙结构和极轻的表观密度,其比表面积和中孔体积分别为 1 350.7 m^2/g 和4.511 cm^3/g,在该气凝胶内部纤维素分子和壳聚糖分子通过氢键聚集缠绕在一起,整个过程是物理凝胶过程,没有化学交联反应的发生,同时该凝胶比未经过乙酸处理的壳聚糖/纤维素复合气凝胶球的伯氨基分布范围广、体积大、密度低。经过气态甲醛吸附测试,在 118 mg/m^3 的甲醛气氛中该气凝胶球的甲醛吸附量为 1.99 mmol/g,去除率为 75.4%,远远大于相同用量的椰壳活性炭吸附剂,并且在该气凝胶球与甲醛之间形成了甲亚胺和席夫碱的化学结合。

(5)采用高压均质手段将纳米纤丝从毛竹纤维中剥离出来,制备出的纳米纤丝化纤维素具有较高的长径比,直径为 20 nm,长度达到微米级。纳米纤丝相互交织成网状缠结结构,与天然纤维素相比较,在化学态上仍保留着纤维素原有的晶型结构,属于 I 型纤维素。以毛竹纳米纤丝化纤维素为原料,利用微滤沉积和聚乙烯醇基体抛光制备出透明的纳米纸。纳米纤维素在沉积过程中形成多孔具有三维网络的纳米纸,聚乙烯醇对纳米纸的孔隙起到了填充作用,减少了光的散射,增加了纳米纤维间的相互作用,从而使产品表现出高的力学强度和良好的透明性,其杨氏模量和拉伸强度分别为 1.31 GPa 和120.3 MPa,在 600 nm 处的透光率约为 65%。

与传统的纸相比这种高透明纸在作为光学器件以及包装材料领域有着一定的应用潜力。毛竹纳米纤维素/聚乙烯醇复合膜的制备方法有物理共混法和薄膜浸渍法两种。物理共混法制备的薄膜表面平整，当 NFC 的加入量增多，NFC 发生了团聚现象，导致膜表面不平整度增加，并且断面缺陷也逐渐增多。力学性能上体现为拉伸强度总体上呈现出先增大后减小的趋势，添加量为 1% 时，膜的拉伸强度达到峰值。薄膜浸渍法制备的样品膜从 SEM 图上看纳米纤维素和聚乙烯醇的结合非常紧密，交界面融合为一体。薄膜浸渍法所制备的复合膜的拉伸强度要明显强于纯的 PVA 膜，主要因为 NFC 的夹层在 PVA 中形成了能够提高力学性能的单相凝聚。薄膜浸渍法制备的薄膜不存在物理共混膜不均一的情况，故选用薄膜浸渍法制备所得的纳米纤维素/聚乙烯醇复合膜作为转光复合膜的基材。

（6）将微晶纤维素溶解在 NaOH/尿素/H_2O 溶液中制备再生纤维素气凝胶，密度波动范围为 $0.032\,2 \sim 0.047\,8$ g/cm^3，属于低密度范畴。经 SEM、红外和 XRD 分析表明，微观形貌呈现三维多孔网状结构，属于 II 型纤维素。经 BET 分析表明，比表面积波动范围为 $169.29 \sim 358.07$ m^2/g，孔径也大都小于 20 nm，属于狭长裂口型孔状结构的材料。利用 OTS 试剂对纤维素气凝胶进行疏水改性，接触角均大于 $90°$，纤维素气凝胶疏水，且 OTS 试剂含量越多，接触角越大。经 SEM 分析表明，疏水改性纤维素气凝胶呈现三维网状结构，网状结构孔隙由于十八烷基三氯硅烷的引入变得比纤维素气凝胶的要小。经红外分析表明，疏水改性没有改变纤维素气凝胶自身的性质。利用浸泡法将纤维素水凝胶先后浸泡在 TEOS/乙醇溶液和二氧化钛溶液中，制备出 SiO_2 – TiO_2 – 纤维素复合气凝胶。经 SEM 分析表明，复合气凝胶的网状结构并没有因为引入两种元素而有所改变。经 XRD 和红外分析表明，复合气凝胶具有 II 型纤维素的特征峰及二氧化硅、二氧化钛的特征峰。将纤维素溶液与制备的氧化铁溶液利用共混法制备出纤维素/氧化铁复合气凝胶，经 SEM 分析表明，复合气凝胶呈现三维网状结构，并没有因为氧化铁的添加而有所改变。经 XRD 和红外分析表明，复合气凝胶里有铁元素。利用 OTS 试剂对纤维素/氧化铁复合气凝胶进行疏水修饰，经 SEM 分析，疏水改性并没有影响气凝胶的网状结构，只是影响了气凝胶孔隙的大小。经接触角分析表明，四种比例的复合气凝胶经过 OTS 试剂的改性处理后均达到疏水状态，但是随着氧化铁含量的增加，接触角逐渐减小，这是由于氧化铁的添加使得纤维暴露在外面的羟基数量减少，能替换的甲基数量也越少，疏水效果越差。经 BET 分析表明，复合气凝胶的比表面积为 $104 \sim 117$ m^2/g，孔径也均低于 20 nm。疏水纤维素/氧化铁复合气凝胶可以很好地应用在油污吸附等领域。利用正硅酸乙酯溶液浸泡纤维素水凝胶溶液制备出纤维素/SiO_2 复合气凝胶，经 SEM 分析表明，复合气凝胶网状结构没有变化，二氧化硅以一种连续的硅凝胶薄层状态平铺在纤维素分子的表面。经 XRD 和红外分析表明,复合气凝胶中含有硅元素。利用 OTS 试剂对纤维素/二氧化硅复合气凝胶进行疏水修饰,经 SEM 分析,复合气凝胶的网状结构并未改变,但是可以看出网状结构的孔隙变小。经接触角分析表明,四种不同比例的复合气凝胶均达到疏水状态,且随着二氧化硅含量的增加,接触角也越来越大。这主要是由于掺杂二氧化硅所形成的硅凝胶薄层比纤维素大分子具有更好的疏水性能。经 BET 分析表明,复合气凝胶的比表面积为 80~99 m^2/g,孔径均低于18 nm。疏水改性为纤维素/SiO_2复合气凝胶的拓展应用提供了更广阔的前景。

附录　木质纤维热解产物——木醋液测试报告

木醋液的基本参数见附表1。

附表1　木醋液的基本参数

样品	总酸含量（以醋酸计）/%	醋酸含量/%	密度/（g·cm⁻³）	pH 值	总多酚含量/（μg·mL⁻¹）	颜色
松木屑木醋液（2014 年 12 月样品,静置 2 个月）	81.36 ± 0.91	6.69 ± 0.63	1.136 2	2.43	59 100 ± 241.65	黑色
常压蒸馏松木屑木醋液（2014 年 12 月样品,静置 2 个月）	50.35 ± 0.84	5.56 ± 0.72	0.994 6	3.73	2 612.84 ± 85.92	淡黄色
松木屑木醋液（2015 年 3 月样品）	70.24 ± 0.00	1.84 ± 0.27	1.1014	2.97	66 320 ± 720.00	黑棕色

松木屑木醋液(2014 年12 月样品,静置 2 个月)正己烷提取物的 GC - MS 分析见附表2。从附表2 中可以看出,正己烷溶剂萃取精制松木屑木醋液的 GC - MS分析共鉴定出 24 种化合物,以 3 - 糠醛为例,GC 含量 0.11% 。

松木屑木醋液(2014 年12 月样品,静置 2 个月)二氯甲烷提取物的 GC - MS分析见附表3。从附表3 中可以看出,二氯甲烷溶剂萃取精制松木屑木醋液的GC - MS分析共鉴定出 54 种化合物,以 3 - 糠醛为例,GC 含量 10.56% 。

附表 2 松木屑木醋液(2014 年 12 月样品,静置 2 个月)正己烷提取物的 GC – MS 分析

序号	保留时间/min	化合物	GC 含量/%
1	4.006	4 – O – 甲基 – d – 阿拉伯糖	0.08
2	5.054	六甲基环三硅氧烷	0.10
3	5.297	3 – 糠醛	0.11
4	6.608	2 – 甲基茉莉酮	0.08
5	6.663	2 – 呋喃乙酮	0.12
6	9.048	2 – 甲基苯酚	0.23
7	9.371	对甲酚	0.15
8	9.669	2 – 甲氧基苯酚	0.29
9	9.780	2,6,10,15 – 四甲基十七碳烷	0.37
10	10.542	3,5 – 二甲基苯酚	0.25
11	11.193	萘	0.15
12	11.274	2 – 甲氧基 – 5 – 甲基苯酚	0.26
13	11.896	2 – (1 – 甲基乙基) – 氨基甲酸甲酯苯酚	0.08
14	13.096	十二甲基环六硅氧烷	0.27
15	15.341	十四甲基环庚硅氧烷	0.44
16	17.347	十六甲基环辛硅氧烷	0.25
17	19.084	1,1,3,3,5,5,7,7,9,9,11,11,13,13 – 十四甲基庚硅氧烷	0.16
18	22.065	6 – 十八碳酸	1.93
19	22.267	油酸	0.13
20	23.338	十八甲基环壬硅氧烷	0.16
21	23.489	二十五碳烷	0.41
22	24.321	二十四碳烷	0.15
23	24.608	三十一碳烷	13.86
24	27.726	三十四碳烷	79.75

附表3　松木屑木醋液(2014年12月样品,静置2个月)二氯甲烷提取物的GC-MS分析

序号	保留时间/min	化合物	GC含量/%
1	4.974	1,1 - 环己烷二甲醇	0.39
2	5.287	3 - 糠醛	10.56
3	5.379	3 - 氨乙基吡唑	2.91
4	5.718	α,β - 二甲基苯乙醇	0.26
5	6.115	4 - [1,3]二氧 - 2 - 草脲胺基 - 3,4 - 二甲基 - 2 - 环己烯酮	0.31
6	6.273	4 - 甲基 - 6 - 苯基四氢化 - 1,3 - 噁嗪 - 2 - 硫酮	0.09
7	6.612	2 - 甲基茉莉酮	2.19
8	6.663	2 - 呋喃乙酮	2.97
9	7.020	6 - 庚基四氢化 - 2H - 2 - 吡喃酮	0.36
10	7.098	3 - 乙氧基丙烯腈	0.44
11	7.219	二乙基氨腈	0.57
12	7.300	(Z,Z) - 9,12 - 十八碳二烯酸	0.24
13	7.528	苯甲醛	0.14
14	7.583	5 - 甲基 - 2 - 呋喃甲醛	1.35
15	7.701	3 - 甲基 - 2 - 环戊烯酮	1.66
16	7.812	苯酚	4.29
17	8.095	八甲基 - 环四硅氧烷	0.48
18	8.139	3 - 乙酰基 - 2′,4 - 二苯基 - 2 - 恶唑烷酮	0.20
19	8.647	2 - 甲基 - 1,3 - 环戊二酮	2.55
20	8.735	trans - 5 - 甲基 - 2 - (1 - 甲基乙基)环己酮	0.22
21	8.894	2,3 - 二甲基 - 2 - 环戊烯酮	0.27
22	8.982	2 - 辛烯基 3 - 环丙烷羧酸酯	1.30
23	9.048	2 - 甲基苯酚	3.36
24	9.199	10 - 甲基 - E - 11 - 三癸烯醇丙酸酯	0.21
25	9.317	5 - 甲基 - 1 - 苯基 - 5 - 己烯酮	0.58

附表 3(续 1)

序号	保留时间 /min	化合物	GC 含量/%
26	9.368	p－甲酚	4.47
27	9.667	2－甲氧基苯酚	5.37
28	9.781	2－乙基己基壬基亚硫酸酯	14.16
29	10.049	5－(2－甲基－2－丙烯基)－2(5H)－呋喃酮	0.35
30	10.171	1,5,5－三甲基－6－(3－甲基－1,3－丁二烯基)－环己烯	0.30
31	10.226	L－组氨酸甲酯	0.45
32	10.300	7－[(四氢化－2H－2－吡喃基)氧基]－2－辛炔醇	0.18
33	10.539	3,5－二甲基苯酚	2.68
34	10.815	2－乙基苯酚	0.42
35	11.190	萘	1.27
36	11.271	2－甲氧基－5－甲基苯酚	2.36
37	11.967	棕榈酸	0.20
38	12.530	4－异丙基苯硫酚	0.38
39	12.603	1,2,3,4－四氢化－异喹啉	0.22
40	12.806	1－甲基萘	0.25
41	13.093	十二甲基环六硅氧烷	2.59
42	13.615	3－烯丙基－6－甲氧基苯酚(愈创木酚)	0.22
43	13.972	3－羟基甲基－5－异亚丙基－2－硫代－4－噻唑烷酮	3.32
44	14.190	香草醛乳糖苷	0.62
45	14.307	1－乙炔基－3－trans(1,1－二甲基乙基)－4－cis－甲氧基环己醇	0.57
46	15.073	α－柏木烯环氧化物	0.23
47	15.305	1,4－二甲氧基－2,3－二甲苯	0.34
48	15.338	十四甲基环庚硅氧烷	4.26
49	15.548	2,4－双(1,1－二甲基乙基)－苯酚	1.78
50	17.343	十六甲基环辛硅氧烷	2.86

附表3（续2）

序号	保留时间/min	化合物	GC 含量/%
51	20.078	棕榈酸甲酯	0.43
52	21.988	16-甲基十七酸甲酯	0.33
53	22.043	十六甲基庚硅氧烷	0.37
54	23.335	十八甲基环壬硅氧烷	0.15

　　松木屑木醋液(2014年12月样品,静置2个月)乙酸乙酯提取物的GC-MS分析见附表4。从附表4中可以看出,乙酸乙酯溶剂萃取精制松木屑木醋液的GC-MS分析共鉴定出42种化合物,以3-糠醛为例,GC含量3.54%。

附表4　松木屑木醋液(2014年12月样品,静置2个月)乙酸乙酯提取物的GC-MS分析

序号	保留时间/min	化合物	GC 含量/%
1	4.014	4-O-甲基-d-阿拉伯糖	1.49
2	5.298	3-糠醛	3.54
3	5.423	4,6-二羟基-3,10-二甲基-2-氧杂螺[4.5]-8-癸烯-1,7-二酮	0.28
4	5.710	3-(苄氧基甲基)-5-己烯-1,2-二醇	0.20
5	6.682	内冰片	1.19
6	6.766	2-丙烯酸-1,4-丁二酯	0.54
7	7.168	琥珀酸-二(5-甲氧基-3-甲基苯基)酯	0.15
8	7.241	甲基-12,13-十四二烯酸乙酯	0.21
9	7.447	1-丁炔基三甲基-硅烷	0.07
10	7.591	1-氟代-3-甲基苯	0.21
11	7.742	1,2-环己烷二甲醇	0.28
12	7.815	苯酚	2.08
13	8.102	八甲基-环四硅氧烷	0.47

附表 4(续 1)

序号	保留时间/min	化合物	GC含量/%
14	8.739	异胡薄荷醇	1.21
15	9.048	2-甲基苯酚	0.94
16	9.372	对甲酚	1.17
17	9.666	2-甲氧基苯酚	1.59
18	9.781	2-乙基己基壬基亚硫酸酯	14.34
19	10.233	异佛尔酮	0.71
20	10.542	3,5-二甲基苯酚	0.53
21	10.609	十甲基环戊硅氧烷	0.29
22	10.679	对伞花烃	0.27
23	11.194	萘	1.05
24	11.275	2-甲氧基-5-甲基苯酚	0.75
25	11.967	棕榈酸	0.21
26	12.809	1-甲基萘	0.27
27	13.093	十二甲基环六碳硅氧烷	10.73
28	14.760	1,5,9-环十二烷基三醇	0.15
29	14.977	cis-5,8,11,14,17-十二碳五烯酸	0.08
30	15.073	α-柏木烯环氧化物	0.50
31	15.338	十四甲基环庚硅氧烷	18.20
32	15.547	2,4-双(1,1-二甲基乙基)-苯酚	2.57
33	16.593	邻苯二甲酸二乙酯	0.22
34	16.847	雪松醇	0.17
35	17.229	异长叶醇甲酯	0.06
36	17.343	十六甲基-环辛碳硅氧烷	11.16
37	19.077	十八甲基环壬硅氧烷	6.08
38	20.078	棕榈酸甲酯	1.48

附表4(续2)

序号	保留时间/min	化合物	GC含量/%
39	20.394	棕榈酸	0.28
40	20.626	十六甲基-七碳硅氧烷	3.27
41	21.992	16-甲基十七酸甲酯	0.80
42	22.047	十六甲基庚硅氧烷	1.83

1. 静置-常压蒸馏-冷冻干燥法精制松木屑木醋液

精制松木屑木醋液宏观图如附图1所示。

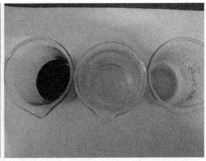

附图1　精制松木屑木醋液宏观图

从左到右:静置法精制松木屑木醋液(2014年12月样品,静置2个月)、静置-常压蒸馏法精制松木屑木醋液(2014年12月样品,静置2个月)、静置-常压蒸馏-冷冻干燥法精制松木屑木醋液(2014年12月样品,静置2个月)

静置-常压蒸馏-冷冻干燥法精制松木屑木醋液的GC-MS分析见附表5。从附表5中可以看出,静置-常压蒸馏-冷冻干燥法精制松木屑木醋液的GC-MS分析共鉴定出57种化合物。

附表5　静置-常压蒸馏-冷冻干燥法精制松木屑木醋液的GC-MS分析

序号	保留时间/min	化合物	GC含量/%
1	3.943	4-甲基己酸	0.15

附表5(续1)

序号	保留时间/min	化合物	GC含量/%
2	3.995	4-O-甲基-d-阿拉伯糖	0.25
3	4.061	2-巯乙基醚	1.17
4	4.201	四氢-3-呋喃酚	0.23
5	4.425	洋地黄毒素糖	0.62
6	5.073	噻吩	0.45
7	5.279	3-呋喃甲醛	1.39
8	5.345	3-氨乙基吡唑	0.68
9	5.544	2-甲氧基乙基三甲基硅烷	2.05
10	5.603	β-羟基异丁酸甲酯	0.10
11	5.739	甲基麻黄碱	0.09
12	6.052	四甲基硅烷	0.36
13	6.114	2,5-二甲氧基四氢呋喃	0.91
14	6.435	2-甲基-1,2-己二醇	0.53
15	6.585	2-甲基茉莉酮	0.50
16	6.648	2-乙基-5-甲基呋喃	0.56
17	6.677	丁二酸二甲酯	1.12
18	6.990	(Z)-三甲基-1-丙烯基硅烷	0.18
19	7.045	烯丙氧基-二甲基硅烷	0.21
20	7.148	丁二酸-二(5-甲氧基-3-甲基-2-戊基)酯	0.76
21	7.281	1-氯-4-(1-乙氧基乙氧基)-2-甲基-2-丁烯	0.16
22	7.388	三甲基-1-丁基卡因基硅烷	0.10
23	7.443	β-甲氧基-(S)-辛醛-2-呋喃基乙醇	2.11
24	7.649	3-甲基茉莉酮	1.37
25	7.726	β-甲基-4-乙胺基-1H-咪唑	0.28
26	7.807	苯酚	16.61

附表 5（续 2）

序号	保留时间/min	化合物	GC含量/%
27	8.039	亚甲基双甲基硅烷	0.36
28	8.628	3－羟基－2－甲基茉莉酮	1.94
29	8.889	2,3－二甲基茉莉酮	0.97
30	8.959	N－环丙基羰基－甘氨酸甲酯	0.44
31	9.047	2－甲基苯酚	10.28
32	9.309	苯乙酮	0.09
33	9.368	对甲酚	11.53
34	9.500	侧柏酮	0.57
35	9.662	2－甲氧基苯酚	10.68
36	9.732	(Z)－13－十八碳烯醛	0.14
37	9.780	2,6,10,15－四甲基十七烷	1.44
38	9.923	2,4－二甲苯酚	0.61
39	10.037	(E)－2－甲基－2－辛烷基－2－丁基－噻羧酸酯	0.17
40	10.133	2－乙基－2－己烯醛	0.12
41	10.376	2－乙基苯酚	1.59
42	10.538	3,5－二甲基苯酚	8.52
43	10.810	4－乙基苯酚	1.79
44	11.270	2－甲氧基－5－甲基苯酚	4.36
45	11.425	2,3,5－三甲基苯酚	0.62
46	11.734	2－(1－甲基乙基)－苯酚－甲基－氨基甲酸酯	0.81
47	11.892	2－乙基－4－甲基苯酚	2.24
48	12.102	4－(2－丙烯基)－苯酚	0.17
49	12.157	2－氨基－3－(4－羟基苯基)－丙酸	0.13
50	12.529	4－乙基－2－甲氧基苯酚	0.73
51	12.599	2,3－二氢－1H－1－茚酮	0.30

附表5(续3)

序号	保留时间/min	化合物	GC含量/%
52	12.717	2－甲基－5－(1－甲基乙基)－苯酚	0.24
53	12.794	2－(3－甲基－3－十一碳烯基)－[1,3]二氧杂环戊烷	0.12
54	12.941	麝香草酚	0.18
55	13.618	丁香酚	0.76
56	13.747	α－乙基－4－甲氧基－苯甲醇	0.13
57	14.307	(E,Z,Z)－2,4,7－十三碳三烯醛	0.14

一次旋转蒸发得到无色木醋液,如附图2所示;两次旋转蒸发得到无色无味(非常淡的烟熏味)木醋液,如附图3所示。

附图2　无色木醋液

附图3　无色无味(非常淡的烟熏味)木醋液

松木屑木醋液(2015年3月样品)所得精制松木屑木醋液的基本参数见附表6。

附表6　精制松木屑木醋液的基本参数

精制方法	密度/ （g·cm^{-3}）	总酸含量 （以醋酸计）/%	醋酸含量/%	总多酚含量 /（μg·mL^{-1}）	pH 值
常压蒸馏法	1.022 2	56.29 ±0.10	5.84 ±0.01	5 774.58 ±47.93	2.47
常压蒸馏－H$_2$O$_2$法	1.017 9	43.50 ±0.86	4.51 ±0.06	4 516.95 ±55.13	2.73
常压蒸馏－球形纤维 素气凝胶吸附法	1.000 9	45.07 ±0.29	4.68 ±0.34	4 362.15 ±51.78	2.87
常压蒸馏－一次旋转 薄膜蒸发法	1.001 9	27.99 ±0.58	2.76 ±0.08	1 377.46 ±33.03	2.59
常压蒸馏－两次旋转 薄膜蒸发法	1.023 2	29.25 ±0.41	3.07 ±0.04	1 119.55 ±21.78	2.59

松木屑木醋液（2015 年 3 月样品）所得精制松木屑木醋液宏观图如附图 4 所示。

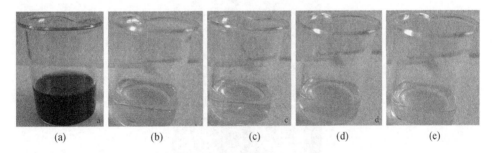

(a)　　　　　(b)　　　　　(c)　　　　　(d)　　　　　(e)

附图 4　精制松木屑木醋液宏观图

（a）松木屑木醋液原液；（b）常压蒸馏法；（c）常压蒸馏－H$_2$O$_2$法；
（d）常压蒸馏－球形纤维素气凝胶吸附法；（e）常压蒸馏－两次旋转蒸发法

松木屑木醋液（2015 年 3 月样品）一次旋转薄膜蒸发得到无色精制松木屑木醋液样品和浓缩精制松木屑木醋液样品。100 g 松木屑原液可以得到 42 g 无色精制松木屑木醋液，得率42%，无色精制松木屑木醋液 pH 值为3.28。一次旋转薄膜蒸发得到无色精制松木屑木醋液样品如附图 5 所示。

一次旋转薄膜蒸发法得到的浓缩精制松木屑木醋液样品如附图 6 所示。

静置－常压蒸馏－静置－萃取法精制松木屑木醋液的 GC－MS 分析见附表 7。从附表 7 中可以看出，静置－常压蒸馏－静置－萃取法精制松木屑木醋液的

GC – MS 分析共鉴定出 63 种化合物。

附图 5　一次旋转薄膜蒸发法得到的无色精制松木屑木醋液样品

附图 6　一次旋转薄膜蒸发法得到的浓缩精制松木屑木醋液样品

附表 7　静置 – 常压蒸馏 – 静置 – 萃取法精制松木屑木醋液的 GC – MS 分析

序号	保留时间 /min	化合物	GC 含量/%
1	4.142	三甲基硅基甲醇	0.18
2	4.237	四氢 – 3 – 呋喃酚	0.99
3	4.819	L – 2 – 氨基 – 3 – 甲基 – 1 – 戊醇	0.22
4	4.892	cis – 4 – 羟基 – L – 脯氨酸	1.43

附表 7(续1)

序号	保留时间/min	化合物	GC含量/%
5	4.944	1,5 – 二甲基 – 1H – 咪唑	0.06
6	5.040	新戊二醇	0.06
7	5.080	1,4 – 二甲氧基 – 2 – 丁烯	0.61
8	5.264	3 – 糠醛	6.43
9	5.312	氨乙吡唑(促进胃液分泌的药物)	1.05
10	5.592	2 – 甲氧基乙基 – 三甲基硅烷	0.18
11	5.665	2,4 – 亚甲基 – D – 鼠梨糖醇	0.59
12	5.750	美沙醇(麻醉药)	0.12
13	6.096	trans – 2 – 戊烯酸	1.34
14	6.217	戊酸	0.77
15	6.320	巴豆酸	0.48
16	6.493	2 – 乙基 – 5 – 甲基呋喃	0.23
17	6.560	2 – 甲基 – 2 – 环戊烯 – 1 – 酮	4.26
18	6.637	1 – (2 – 呋喃基) – 乙酮	7.32
19	6.714	1,4,5 – 三甲基咪唑	1.17
20	6.964	(Z) – 2 – 甲基 – 2 – 丁烯酸	0.47
21	7.064	5,6 – 二氢 – 6 – 戊基 – 2H – 吡喃 – 2 – 酮	1.31
22	7.178	2 – 甲氧基呋喃	0.09
23	7.266	2,3 – 二甲基环己醇	0.27
24	7.340	甲基丙烯酸缩水甘油酯	0.25
25	7.443	甲基 – 2 – 噻吩羧酸酯	2.06
26	7.520	苯甲醛	0.10
27	7.561	5 – 甲基 – 2 – 呋喃甲醛	2.90
28	7.620	3 – 甲基 – 2 – 环戊烯 – 1 – 酮	2.65
29	7.730	3,5 – 二甲基 – 1H – 吡唑 – 1 – 甲脒	0.09

附表7(续2)

序号	保留时间/min	化合物	GC含量/%
30	7.833	苯酚	10.20
31	8.113	4,4-二甲基-2-环戊烯-1-酮	0.15
32	8.168	2,3-二甲基-2-环戊烯-1-酮	0.31
33	8.223	(2S,3′R)-螺[3′-甲基环己烷]-1,3-二氧杂-6-甲基-5-环己烯-4-酮	0.62
34	8.334	1-(2-呋喃基)-1-丙酮	0.14
35	8.602	3-t-丁基-1,5-环辛二烯	0.28
36	8.646	3-羟基-2-甲基茉莉酮	1.23
37	8.764	3-甲基苯酚	0.07
38	8.805	2-乙酰基-5-甲基呋喃	0.34
39	8.863	螺[2,4]-4-庚酮	1.70
40	8.930	2-羟基苯甲醛	0.17
41	9.062	2-甲基苯酚	7.13
42	9.110	4-甲氧基吡啶-1-氧化物	0.37
43	9.246	trans-3-甲基-6-(1-甲基乙基)-环己烯	0.39
44	9.312	2-羟基-2-(5-甲基-2-呋喃基)-1-苯基乙酮	0.70
45	9.386	p-甲酚	7.31
46	9.482	2-乙基环-3-氯丙酸己酯	0.84
47	9.673	2-甲氧基苯酚	20.27
48	9.780	2-己基-1-癸醇	0.39
49	9.934	2,4-二甲基苯酚	0.14
50	10.019	苯甲醛二甲缩醛	0.08
51	10.074	苯乙醇	0.14
52	10.141	1,3,5-苯三酚	0.14
53	10.302	4-亚甲基-1-(1-甲基乙基)-双环[3.1.0]-3-乙酸己酯	0.09

附表 7（续 3）

序号	保留时间/min	化合物	GC含量/%
54	10.383	2-乙基苯酚	0.67
55	10.549	3,5-二甲基苯酚	3.74
56	10.821	4-乙基苯酚	0.93
57	11.153	尼润碱	0.06
58	11.274	2-甲氧基-5-甲基苯酚	1.61
59	11.903	2-乙基-4-甲基苯酚	0.36
60	12.533	4-乙基-2-甲氧基苯酚	0.23
61	12.599	丙基十三碳-2-琥珀酸炔酯	0.76
62	13.622	3-烯丙基-6-甲氧基苯酚	0.07
63	13.751	2-异丙基-5,5-二甲基环己烷羧酸	0.07

常压蒸馏-旋转薄膜两次蒸发-萃取法精制松木屑木醋液的 GC-MS 分析见附表8。从附表8中可以看出，常压蒸馏-旋转薄膜两次蒸发-萃取法精制松木屑木醋液的 GC-MS 分析共鉴定出 77 种化合物。

附表 8 常压蒸馏-旋转薄膜两次蒸发-萃取法精制松木屑木醋液的 GC-MS 分析

序号	保留时间/min	化合物	GC含量/%
1	4.252	四氢-3-呋喃酚	0.31
2	4.686	庚酸	0.21
3	4.771	2-氟咪唑	0.18
4	5.102	2-四氢呋喃甲基戊酸酯	0.13
5	5.268	3-糠醛	9.25
6	5.404	5-乙基-3-甲基-1-庚烯-4-醇	0.21
7	5.606	甲基-2-O-甲基-α-D-吡喃葡萄糖苷	0.23
8	6.089	6-甲基-双环[4.2.0]-7-辛醇	0.26

附表8(续1)

序号	保留时间/min	化合物	GC含量/%
9	6.335	2-甲基-2-丁烯酸	0.31
10	6.497	2-乙基-5-甲基呋喃	0.32
11	6.556	2-甲基-2-环戊烯-1-酮	3.57
12	6.637	1-(2-呋喃基)乙酮	4.75
13	6.872	巴豆酸	0.09
14	7.001	2,2-二乙基-1,3-二氧戊环	0.09
15	7.064	5,6-二氢-6-戊基-2H-吡喃-2-酮	0.78
16	7.336	3,4-呋喃二甲醇	0.13
17	7.447	β-甲氧基-(S)-2-呋喃乙醇	2.41
18	7.528	苯甲醛	0.15
19	7.557	5-甲基-2-呋喃甲醛	2.77
20	7.631	3-甲基-2-环戊烯-1-酮	0.70
21	7.770	呋喃甲基酮	0.26
22	7.833	苯酚	2.49
23	7.999	2-(甲氧基乙基)-环己烷	0.12
24	8.102	4,4-二甲基-2-环戊烯-1-酮	0.20
25	8.161	2,3-二甲基-2-环戊烯-1-酮	0.97
26	8.227	(2S,3′R)-螺[3′-甲基环己烷]-1,3-二氧杂-6-甲基-5-环己烯-4-酮	0.14
27	8.334	1-(2-呋喃基)-1-丙酮	0.27
28	8.429	4-甲基-(6-甲氧基双环[2.2.1]-2-庚基)-苯磺酸酯	0.20
29	8.650	3-氟苯甲醇乙醚	0.49
30	8.805	2-乙酰基-5-甲基呋喃	0.48
31	8.930	3-氟苯基甲醇乙醚	0.55
32	9.254	2-羟基苯甲醛	0.33

附表 8（续 2）

序号	保留时间/min	化合物	GC含量/%
33	9.309	2－甲基苯酚	0.65
34	9.386	4－甲氧基－1－吡啶氧化物	3.37
35	9.489	2－甲氧基苯酚	0.33
36	9.677	苯乙酮	17.64
37	9.743	p－甲酚	0.39
38	9.931	2－乙基环－3－氯丙酸己酯	0.91
39	10.306	3－氟苯基－肼	0.26
40	10.383	2,4－二甲基苯酚	1.30
41	10.549	苯甲醛二甲缩醛	7.22
42	10.744	4－亚甲基－1－（1－甲基乙基）－双环[3.1.0]－3－乙酸己酯	0.20
43	10.821	2－乙基苯酚	1.56
44	10.998	3,5 二甲基苯酚	0.26
45	11.064	4－羟基－3－甲基苯甲醛	0.18
46	11.175	4－乙基苯酚	0.85
47	11.274	2,3,3α,4,5,7α－六氢－4,4,7α－三甲基－1H－茚－1－酮	4.70
48	11.429	2－甲氧基－3－甲基苯酚	0.33
49	11.741	1－（2－甲基苯基）乙酮	0.58
50	11.900	2－甲氧基－5－甲基苯酚	2.12
51	12.533	2,3,5－三甲基苯酚	1.14
52	12.606	2－乙基－4－甲基苯酚	0.15
53	12.720	1－乙基－4－甲氧基苯	0.17
54	12.952	4－乙基－2－甲氧基苯酚	0.17
55	13.618	2,3－二氢－1H－茚－1－酮	0.75
56	13.751	2－甲基－5－（1－甲基乙基）苯酚	0.14
57	15.337	麝香草酚	0.11

附表8(续3)

序号	保留时间/min	化合物	GC含量/%
58	15.554	3－烯丙基－6－甲氧基苯酚	0.09
59	16.224	2－甲氧基－4－丙基苯酚	0.10
60	16.515	十四甲基环庚硅氧烷	0.56
61	16.603	2,4－双(1,1－二甲基乙基)苯酚	1.91
62	16.909	cis－5,8,11,14,17－二十碳五烯酸	0.26
63	17.229	7,8－脱氢－8a－羟基－异长叶烯	0.18
64	17.229	长叶醛	0.29
65	17.568	［1S－(1.α.,3α.β.,4.α.,7α.β.)］－八氢－1,7α二甲基－4－(1－甲基乙烯基)－1,4－亚甲基－1H－茚	0.94
66	18.046	2－氟－β－3,4－三羟基苯乙胺	0.17
67	18.329	［1S－(1.α.,3α.β.,4.α.,8α.β.,9R＊)］－十氢－4,8,8三甲基异长叶醇	0.40
68	18.613	丁香醇	0.12
69	18.675	2,5－二氢甲基苯胺	0.19
70	18.926	异长叶醇甲基醚	0.10
71	19.106	甲基－3－cis－9－cis－12－cis－十八碳三烯酸酯	0.64
72	19.286	［1S－(1.α,3α.β.,4.α.,8α.β.,9R＊)］－十氢－4,8,8三甲基异长叶醇	0.23
73	19.746	2－甲基－1－(苯基甲基)－2,6－双(1,1－二甲基乙基)－4－甲基苯基环丙烷羧酸酯	0.18
74	20.262	2,2－二甲基－6－亚甲基－1－［3,5－二羟基－1－戊烯基］－环己基－1－过氧化氢	0.29
75	20.519	芬维A胺(肿瘤预防药)	0.15
76	21.896	1－丙基－3－(1－丙烯基)金刚烷	0.40
77	25.128	2,4,7,14－四甲基－4－乙烯基－三环［5.4.3.0(1,8)］四癸烷－6－醇	0.22

　　4 种木醋液的基本参数见附表9,4 种木醋液的基本参数与一般木醋液的相关指标接近。

附表9　木醋液的基本参数

样品	总酸含量 (以醋酸计)/%	醋酸含量 /%	密度/ (g·cm^{-3})	pH 值	颜色	气味
白桦木醋液	20.68 ± 0.30	2.17 ± 0.03	1.008 1	3.68	棕褐色	烟熏味
杂木木醋液	55.35 ± 0.76	4.98 ± 0.34	1.018 8	3.67	棕黑色	烟熏味
木屑木醋液	81.36 ± 0.91	6.69 ± 0.63	1.136 2	2.43	黑色	浓烈的烟熏味
蒸馏木屑木醋液	50.35 ± 0.84	5.56 ± 0.72	0.994 6	3.73	淡黄色	浓烈的烟熏味

　　木醋液的抑菌试验结果见附表10。

附表10　木醋液的抑菌试验结果

样品	供试菌种		
	大肠杆菌(E. coli)	金黄色葡萄球菌 (S. aureus)	枯草芽孢杆菌 (B. subtilis)
白桦木醋液	12.37 ± 2.06cB	16.28 ± 0.55abA	11.04 ± 0.39bA
杂木木醋液	12.05 ± 1.09cA	10.14 ± 0.66cA	10.83 ± 1.44bA
木屑木醋液	18.05 ± 2.09bA	13.15 ± 1.21bcA	15.19 ± 1.66abA
蒸馏木屑木醋液	24.13 ± 3.21aA	17.44 ± 2.20aB	17.59 ± 2.79aAB

注:表中数据为抑菌圈直径,单位为 mm;同列不同小写字母表示差异显著($P < 0.05$),同行不同大写字母表示差异显著($P < 0.05$)。

　　木醋液的最低抑菌浓度(MIC)见附表11。由附表11 可知,白桦木醋液对大肠杆菌、枯草芽孢杆菌的最低抑菌浓度稍高,分别为20%和15%时才有抑制作用;杂木木醋液、木屑木醋液对3 种细菌的最低抑菌浓度相同,对大肠杆菌最低抑菌浓度稍低;蒸馏木屑木醋液对大肠杆菌、金黄色葡萄球菌、枯草芽孢杆菌的最低抑菌浓度最低,分别为 1.56%、1.56%、6.25%。

附表 11　木醋液的最低抑菌浓度

供试菌种	最低抑菌浓度/%			
	白桦木醋液	杂木木醋液	木屑木醋液	蒸馏木屑木醋液
大肠杆菌(E. coli)	20.00	6.25	6.25	1.56
金黄色葡萄球菌 （S. Aureus）	10.00	12.50	12.50	1.56
枯草芽孢杆菌 （B. subtilis）	15.00	12.50	12.50	6.25

2. 静置法、静置－常压蒸馏法精制松木屑木醋液的抑菌结果分析

通过抑菌预试验,木屑木醋液、蒸馏木屑木醋液在质量分数为 100% 和 50% 时三个抑菌圈重合,故用 50% 的甲醇稀释至 25% 再进行抑菌试验,50% 的甲醇做空白对照对三种细菌均无抑制作用。附表 12 为两种木醋液质量分数为 25% 时的抑菌试验结果。由附表 12 可以看出,两种木醋液对大肠杆菌、金黄色葡萄球菌、枯草芽孢杆菌均有抑制作用,且两种木醋液的抑菌能力大小顺序为蒸馏木屑木醋液 > 木屑木醋液;蒸馏木屑木醋液对二种细菌抑制效果最好,尤其是对大肠杆菌的抑制作用最明显,抑菌圈直径达到 24.13 mm ± 3.21 mm。由此可以看出,木醋液作为天然抑菌剂,在医疗卫生、食品等行业有广阔的应用前景。

附表 12　两种木醋液质量分数为 25% 时的抑菌试验结果

样品	供试菌种		
	大肠杆菌(E. coli)	金黄色葡萄球菌(S. aureus)	枯草芽孢杆菌(B. subtilis)
木屑木醋液	18.05 ± 2.09	13.15 ± 1.21	15.19 ± 1.66
蒸馏木屑木醋液	24.13 ± 3.21	17.44 ± 2.20	17.59 ± 2.79

注:表中数据为抑菌圈直径,单位为 mm。

3. 静置法、静置－常压蒸馏法精制松木屑木醋液的最低抑菌浓度分析

抑菌剂精制松木屑木醋液的最低抑菌浓度见附表 13。由附表 13 可知,蒸馏木屑木醋液对大肠杆菌、金黄色葡萄球菌、枯草芽孢杆菌的最低抑菌浓度最低,分别为 1.56%、1.56%、6.25%。

在最低抑菌浓度的作用下,供试细菌生长规律发生改变,细胞膜通透性增大,细胞内电解质、蛋白质和糖类物质的渗出,导致菌液电导率升高、可溶性糖及蛋白

质含量增大,木醋液还抑制了细菌蛋白质的合成,使细胞代谢紊乱,最终使细胞死亡,从而起到抑菌作用。

在 24 h 内能够抑制或杀死以上有害的菌类。

附表 13　抑菌剂精制松木屑木醋液的最低抑菌浓度

供试菌种	最低抑菌浓度/%	
	木屑木醋液	蒸馏木屑木醋液
大肠杆菌(E. coli)	6.25	1.56
金黄色葡萄球菌(S. Aureus)	12.50	1.56
枯草芽孢杆菌(B. subtilis)	12.50	6.25

木醋液多酚含量比较见附表 14。多酚类物质是结构复杂、种类繁多并且生理功能具有多样性的植物次生代谢产物,通过 GC – MS 分析木醋液成分,证明其中多酚类和有机酸类化合物含量达到总有机物的 70% ,且木醋液中酚、酸类物质具有显著体外抗氧化活性。由附表 14 可知,木醋液中多酚的含量会随着制备材料种类以及制取后的处理方法而变化。杂木、木屑及蒸馏木屑木醋液 3 种木醋液中多酚含量较高,其中木屑木醋液中多酚含量最高,达到(59 110 ± 241.65)μg/mL,白桦木醋液中多酚含量最低,为(430.68 ± 1.94)μg/mL。由附表 14 还可看出,木屑木醋液和蒸馏木屑木醋液中多酚含量相差较多,可能是由于在蒸馏的过程中在除掉焦油的同时也损耗了酚类等有机成分。

附表 14　木醋液多酚含量比较

测试项目	白桦木醋液	杂木木醋液	木屑木醋液	蒸馏木屑木醋液
多酚含量 /($\mu g \cdot mL^{-1}$)	430.68 ± 1.94	5 872.03 ± 185.76	59 110 ± 241.65	2 612.84 ± 85.92

4. 抗氧化活性的 IC_{50}(EC_{50})比较

附表 15 为木醋液多酚抗氧化活性的 IC_{50}(EC_{50})比较。为了更准确地评价样品的抗氧化活性,常用清除率 50% 自由基或还原能力的吸光值为 0.5 时的溶液质量浓度 IC_{50}(EC_{50})来进行比较,较低的 IC_{50}(EC_{50})值表示较高的自由基清除能力。由附表 15 可知,4 种木醋液多酚还原能力 EC_{50} 差异显著($P < 0.05$),木屑木醋液多酚还原能力 EC_{50} 最低;白桦、木屑两种木醋液多酚 DPPH·清除力 IC_{50} 差异不显著,

而与另外两种木醋液多酚存在显著性差异,其中杂木木醋液多酚最低,蒸馏木屑木醋液多酚最高;除木屑木醋液多酚外,其他 3 种样品·OH 清除率最高时也未达到 50%。

附表 15　木醋液多酚抗氧化活性的 IC_{50}(EC_{50})比较

样品	还原能力 EC_{50}(μg/mL)	DPPH·清除力 IC_{50}(μg/mL)	·OH 清除力 IC_{50}(μg/mL)
白桦木醋液多酚	—	10.92 ± 0.10b	—
杂木木醋液多酚	101.72 ± 2.03b	7.33 ± 0.37c	—
木屑木醋液多酚	87.13 ± 2.74c	11.79 ± 0.35b	454.91 ± 18.52
蒸馏木屑木醋液多酚	147.81 ± 8.30a	64.86 ± 2.01a	—

注:同列不同小写字母表示差异显著($P < 0.05$)。

5. 木醋液抑菌活性测定

质量分数为 25% 的木醋液对细菌的抑制作用见附表 16。木醋液原液对真菌的抑制作用见附表 17 所示。

附表 16　质量分数为 25% 的木醋液对细菌的抑制作用

样品	供试菌种		
	大肠杆菌(E. coli)	金黄色葡萄球菌 (S. aureus)	枯草芽孢杆菌 (B. subtilis)
白桦木醋液	12.37 ± 2.06[b]	14.63 ± 2.89[ab]	11.04 ± 0.39[b]
杂木木醋液	12.05 ± 1.09[b]	10.14 ± 0.66[c]	10.83 ± 1.44[b]
木屑木醋液	15.99 ± 3.87[b]	13.15 ± 1.21[bc]	15.19 ± 3.66[ab]
蒸馏木屑木醋液	27.32 ± 5.98[a]	17.44 ± 2.20[a]	20.06 ± 4.72[a]

注:表中数据为抑菌圈直径,单位为 mm;同列不同小写字母表示差异显著($P < 0.05$),下同。

附表 17　木醋液原液对真菌的抑制作用

样品	供试菌种		
	黑曲霉菌（A. niger）	白腐菌 （P. chrysosporium）	褐腐菌 （M. fructicola）
白桦木醋液	6.00 ± 0^b	18.75 ± 1.86^b	6.00 ± 0^c
杂木木醋液	6.00 ± 0^b	21.34 ± 2.23^a	12.97 ± 0.86^b
木屑木醋液	9.97 ± 0.87^a	抑菌圈重合	19.85 ± 0.81^a
蒸馏木屑木醋液	9.78 ± 1.43^a	抑菌圈重合	12.97 ± 1.16^b

　　由附表 16 可知,4 种木醋液对 3 种供试细菌均有抑制作用,其中抑菌活性最强的是蒸馏木屑木醋液(DWV),其对大肠杆菌的抑制作用最明显,抑菌圈直径达到(27.32 ±5.98)mm。DWV 对大肠杆菌的抑制作用与另外 3 种样品的抑制作用存在显著性差异($P < 0.05$),对枯草芽孢杆菌的抑制作用与白桦木醋液(BWV)、杂木木醋液(MWV)的抑制作用存在显著性差异。

　　由附表 17 可知,白桦木醋液(BWV)对黑曲霉菌、褐腐菌无抑制作用,对白腐菌抑菌活性较强,抑菌圈直径达到(18.75 ±1.86)mm;杂木木醋液(MWV)对黑曲霉菌无抑制作用,对白腐菌、褐腐菌均有抑制作用,其中对白腐菌抑制效果更好,抑菌圈直径达到(21.34 ±2.23)mm;木屑木醋液(SWV)、蒸馏木屑木醋液(DWV)对 3 种供试真菌均有抑制作用,其中对白腐菌抑制效果最好,3 个抑菌圈重合交叉在一起。

　　6. 木醋液两两复配抑菌试验

　　复配木醋液对 6 种供试细菌的抑制作用见附表 18 至附表 23。

附表 18　复配木醋液对大肠杆菌（E. coli）的抑制作用

比例	BWV－SWV	BWV－MWV	BWV－DWV	MWV－SWV	MWV－DWV	SWV－DWV
9:1	6.76 ± 0.04^e	8.60 ± 0.75^d	8.88 ± 0.04^{de}	11.17 ± 0.58^{de}	6.00 ± 0^d	16.35 ± 1.46^{bc}
8:2	13.56 ± 1.56^b	15.27 ± 1.56^a	14.87 ± 1.87^{bc}	19.03 ± 1.39^a	11.97 ± 1.15^e	16.83 ± 1.07^b
7:3	19.64 ± 0.87^a	10.74 ± 2.29^{bc}	14.36 ± 2.00^c	10.33 ± 1.72^e	12.54 ± 1.86^e	15.86 ± 1.34^{bc}
6:4	8.66 ± 0.66^{de}	9.47 ± 0.64^{cd}	11.14 ± 1.35^d	10.56 ± 1.47^e	11.28 ± 1.89^e	13.10 ± 1.34^{cde}
5:5	10.45 ± 0.61^{cd}	11.98 ± 1.69^b	17.42 ± 1.72^a	17.28 ± 1.86^{ab}	7.09 ± 0.85^d	12.62 ± 1.07^{de}
4:6	9.58 ± 0.99^{cd}	7.24 ± 0.74^{de}	17.22 ± 0.95^{ab}	15.24 ± 0.80^{bc}	13.86 ± 1.69^e	20.84 ± 0.30^a

附表 18(续)

比例	BWV – SWV	BWV – MWV	BWV – DWV	MWV – SWV	MWV – DWV	SWV – DWV
3:7	11.07 ± 0.30^{c}	9.27 ± 0.33^{cd}	14.11 ± 1.54^{c}	13.61 ± 1.02^{cd}	18.86 ± 2.04^{b}	15.23 ± 2.18^{bcd}
2:8	19.74 ± 1.98^{a}	6.00 ± 0^{e}	7.73 ± 1.36^{e}	16.48 ± 0.72^{ab}	23.05 ± 1.47^{a}	22.88 ± 1.83^{a}
1:9	18.33 ± 0.66^{a}	9.57 ± 1.33^{cd}	17.36 ± 0.57^{a}	15.57 ± 1.32^{bc}	13.82 ± 1.72^{c}	11.28 ± 2.23^{e}

从附表 18 中可以看出,杂木木醋液 – 蒸馏木屑木醋液(MWV – DWV)复配质量分数 2:8,对大肠杆菌(E. coli)的抑制效果最好,抑菌圈直径为(23.05 ± 1.47)mm。而单一蒸馏木屑木醋液(DWV)对大肠杆菌的抑制作用最明显,抑菌圈直径达到(27.32 ± 5.98)mm(见附表 14)。所以对于蒸馏木屑木醋液而言,复配效果不明显。对单一杂木木醋液而言,与蒸馏木屑木醋液复配,对大肠杆菌抑制效果明显。

从附表 19 中可以看出,白桦木醋液 – 杂木木醋液(BWV – MWV)复配质量分数 5:5,抑菌圈重合,对金黄色葡萄球菌(S. aureus)的抑制效果最好。其次,白桦木醋液 – 蒸馏木屑木醋液(BWV – DWV)复配质量分数 5:5,抑菌圈直径 24.06 mm ± 1.17 mm,可以互相起到增效抑菌效果。

附表 19　复配木醋液对金黄色葡萄球菌(S. aureus)的抑制作用

比例	BWV – SWV	BWV – MWV	BWV – DWV	MWV – SWV	MWV – DWV	SWV – DWV
9:1	9.95 ± 0.38^{d}	14.04 ± 0.91^{b}	12.92 ± 1.96^{e}	14.73 ± 1.10^{b}	11.33 ± 2.40^{c}	19.93 ± 1.46^{ab}
8:2	14.14 ± 2.33^{c}	17.64 ± 1.20^{a}	17.91 ± 0.67^{cd}	11.53 ± 1.99^{c}	14.24 ± 1.77^{abc}	18.22 ± 0.93^{abc}
7:3	9.06 ± 1.35^{d}	12.15 ± 2.44^{b}	13.56 ± 2.33^{e}	18.60 ± 2.20^{a}	13.35 ± 0.44^{abc}	16.31 ± 1.54^{bc}
6:4	15.26 ± 1.49^{c}	11.31 ± 1.27^{bc}	15.71 ± 1.53^{de}	15.20 ± 2.16^{b}	12.49 ± 1.55^{bc}	15.48 ± 2.03^{c}
5:5	13.84 ± 0.76^{c}	抑菌圈重合	24.06 ± 1.17^{a}	13.68 ± 1.21^{bc}	14.11 ± 1.81^{abc}	15.89 ± 0.11^{c}
4:6	19.72 ± 0.38^{b}	13.01 ± 1.91^{b}	20.49 ± 1.49^{bc}	14.18 ± 2.04^{bc}	12.90 ± 0.53^{bc}	18.67 ± 1.79^{abc}
3:7	13.50 ± 0.53^{c}	8.88 ± 1.89^{c}	14.96 ± 0.66^{de}	11.02 ± 0.83^{c}	16.81 ± 1.67^{a}	16.91 ± 0.80^{bc}
2:8	15.68 ± 1.86^{c}	13.60 ± 0.33^{b}	20.65 ± 0.24^{bc}	12.76 ± 0.44^{bc}	14.91 ± 2.48^{ab}	18.12 ± 1.92^{abc}
1:9	22.86 ± 1.74^{a}	13.74 ± 0.34^{b}	21.88 ± 0.74^{ab}	13.58 ± 1.64^{bc}	11.09 ± 1.18^{c}	20.30 ± 2.31^{a}

从附表 20 中可以看出,木屑木醋液 – 蒸馏木屑木醋液(SWV – DWV)复配质量分数 6:4,抑菌圈直径(24.46 ± 0.80)mm,可以互相起到增效抑菌效果,对枯草芽孢杆菌(B. subtilis)的抑制效果最好。

表 20　复配木醋液对枯草芽孢杆菌（B. subtilis）的抑制作用

比例	BWV－SWV	BWV－MWV	BWV－DWV	MWV－SWV	MWV－DWV	SWV－DWV
9：1	12.33 ± 1.99[de]	8.42 ± 0.78[b]	8.69 ± 1.72[de]	6.00 ± 0[d]	14.50 ± 1.68[b]	22.32 ± 1.73[a]
8：2	6.00 ± 0[f]	6.00 ± 0[c]	7.77 ± 1.66[e]	12.96 ± 1.81[bc]	17.67 ± 0.83[a]	23.31 ± 1.79[a]
7：3	17.17 ± 1.29[ab]	8.12 ± 1.04[b]	8.76 ± 1.63[cde]	11.59 ± 1.99[c]	10.91 ± 1.00[c]	17.01 ± 1.54[b]
6：4	13.16 ± 0.15[de]	9.76 ± 1.61[b]	12.80 ± 0.91[ab]	13.91 ± 1.79[bc]	17.55 ± 1.53[a]	24.46 ± 0.80[a]
5：5	10.28 ± 1.46[e]	8.17 ± 0.66[b]	12.66 ± 1.91[ab]	6.36 ± 0.52[d]	13.63 ± 0.28[b]	14.48 ± 1.96[bc]
4：6	17.68 ± 1.41[ab]	8.21 ± 1.34[b]	10.99 ± 1.81[bcd]	14.80 ± 1.14[ab]	10.80 ± 0.98[c]	6.00 ± 0[e]
3：7	15.41 ± 1.48[bc]	13.31 ± 1.13[a]	7.63 ± 0.10[e]	11.84 ± 0.97[c]	14.17 ± 1.63[b]	14.03 ± 1.47[cd]
2：8	11.06 ± 1.17[de]	14.56 ± 1.52[a]	11.48 ± 0.45[abc]	16.57 ± 1.78[a]	11.08 ± 0.74[c]	11.17 ± 1.58[d]
1：9	18.09 ± 0.63[a]	14.06 ± 0.62[a]	13.82 ± 0.95[a]	12.35 ± 0.96[bc]	10.27 ± 1.33[c]	14.59 ± 1.07[bc]

　　从附表 21 中可以看出，木屑木醋液－蒸馏木屑木醋液（SWV－DWV）复配质量分数 9：1，抑菌圈直径（22.30 ± 0.38）mm，可以互相起到增效抑菌效果，对黑曲霉菌（A. niger）的抑制效果最好。

附表 21　复配木醋液对黑曲霉菌（A. niger）的抑制作用

比例	BWV－SWV	BWV－MWV	BWV－DWV	MWV－SWV	MWV－DWV	SWV－DWV
9：1	8.35 ± 0.73[f]	8.06 ± 0.42[bc]	6.91 ± 0.35[d]	10.18 ± 0.26[g]	12.40 ± 0.92[e]	22.30 ± 0.38[a]
8：2	11.13 ± 1.48[de]	8.81 ± 0.39[ab]	9.49 ± 0.54[c]	11.51 ± 1.40[fg]	11.98 ± 0.33[cd]	20.31 ± 1.09[b]
7：3	9.64 ± 0.88[ef]	8.57 ± 0.98[ab]	10.11 ± 0.58[c]	12.29 ± 0.40[ef]	9.96 ± 0.06[d]	20.22 ± 0.93[b]
6：4	10.15 ± 0.73[ef]	6.93 ± 0.27[c]	10.05 ± 1.37[c]	14.10 ± 0.91[de]	10.05 ± 1.22[d]	15.53 ± 0.96[d]
5：5	12.83 ± 0.10[cd]	8.53 ± 1.12[ab]	9.86 ± 0.60[c]	15.99 ± 1.43[cd]	12.65 ± 1.45[c]	19.14 ± 0.11[bc]
4：6	12.72 ± 1.30[cd]	9.50 ± 1.36[ab]	10.21 ± 0.37[bc]	17.66 ± 1.13[bc]	14.61 ± 1.16[b]	17.21 ± 1.55[cd]
3：7	14.09 ± 1.60[bc]	9.27 ± 0.45[ab]	14.22 ± 0.65[a]	21.47 ± 0.74[a]	16.50 ± 0.06[a]	19.66 ± 1.67[b]
2：8	15.53 ± 1.28[ab]	9.63 ± 1.52[a]	11.33 ± 0.59[b]	14.30 ± 1.62[de]	16.16 ± 0.83[ab]	20.37 ± 0.42[ab]
1：9	17.13 ± 1.33[a]	8.89 ± 0.37[ab]	11.35 ± 0.07[b]	18.46 ± 1.54[b]	17.47 ± 1.84[a]	19.89 ± 1.69[b]

　　从附表 22 中可以看出，木屑木醋液－蒸馏木屑木醋液（SWV－DWV）复配质量分数 4：6，不长菌，对白腐菌（P. chrysosporium）的抑制效果最好。其次是抑菌圈

重合的复配木醋液抑菌效果较好。再次,白桦木醋液-蒸馏木屑木醋液(BWV-DWV)复配质量分数 5∶5,抑菌圈直径(27.52±1.56)mm,对单一白桦木醋液而言,可以起到增效抑菌效果。

附表 22　复配木醋液对白腐菌(P. chrysosporium)的抑制作用

比例	BWV-SWV	BWV-MWV	BWV-DWV	MWV-SWV	MWV-DWV	SWV-DWV
9∶1	12.43 ± 1.18^e	10.83 ± 0.93^{cd}	12.79 ± 1.20^e	15.16 ± 0.26^c	13.11 ± 0.77^f	抑菌圈重合
8∶2	14.30 ± 1.41^{de}	10.22 ± 1.64^{de}	11.21 ± 0.63^e	16.81 ± 1.50^c	15.01 ± 0.04^{def}	抑菌圈重合
7∶3	17.70 ± 1.13^c	11.01 ± 0.25^{cd}	16.14 ± 0.32^d	19.92 ± 1.29^b	17.70 ± 1.32^c	抑菌圈重合
6∶4	15.82 ± 0.62^{cd}	12.54 ± 1.23^{bc}	23.43 ± 1.67^b	22.71 ± 1.34^a	14.43 ± 1.55^{ef}	抑菌圈重合
5∶5	14.04 ± 1.13^{de}	8.39 ± 0.49^e	27.52 ± 1.56^a	24.64 ± 1.59^a	15.75 ± 1.03^{cde}	抑菌圈重合
4∶6	20.50 ± 0.90^b	11.32 ± 0.50^{cd}	25.25 ± 0.84^{ab}	抑菌圈重合	17.00 ± 0.99^{cd}	不长菌
3∶7	24.91 ± 1.47^a	13.42 ± 1.39^b	20.29 ± 0.51^c	抑菌圈重合	26.39 ± 1.34^a	抑菌圈重合
2∶8	25.23 ± 0.91^a	16.32 ± 1.50^a	抑菌圈重合	抑菌圈重合	19.81 ± 1.51^b	抑菌圈重合
1∶9	抑菌圈重合	13.73 ± 1.24^b	抑菌圈重合	抑菌圈重合	抑菌圈重合	26.22 ± 1.01

从附表 23 中可以看出,白桦木醋液-木屑木醋液(BWV-SWV)复配质量分数 1∶9,抑菌圈重合,对褐腐菌(M. fructicola)的抑制效果最好。其次是木屑木醋液-蒸馏木屑木醋液(SWV-DWV)复配质量分数 8∶2,抑菌圈直径(26.66±1.42)mm,可以互相起到增效抑菌效果。

附表 23　复配木醋液对褐腐菌(M. fructicola)的抑制作用

比例	BWV-SWV	BWV-MWV	BWV-DWV	MWV-SWV	MWV-DWV	SWV-DWV
9∶1	11.53 ± 1.20^d	9.54 ± 1.71^{bc}	7.98 ± 0.42^d	12.52 ± 1.36^e	16.44 ± 1.57^e	17.86 ± 1.20^c
8∶2	14.36 ± 0.82^c	7.06 ± 0.94^d	6.52 ± 0.45^d	6.73 ± 0.17^f	19.09 ± 1.34^c	26.66 ± 1.42^a
7∶3	16.10 ± 0.03^c	9.45 ± 0.28^{bc}	14.01 ± 0.41^c	17.78 ± 1.19^d	19.87 ± 0.85^{bc}	21.68 ± 1.15^b
6∶4	19.30 ± 1.36^b	9.19 ± 0.34^{bc}	16.79 ± 0.96^b	18.97 ± 0.73^{cd}	18.62 ± 1.35^{cd}	26.05 ± 1.24^a
5∶5	20.24 ± 1.08^b	9.10 ± 0.78^c	17.10 ± 0.26^b	20.75 ± 1.23^{bc}	16.83 ± 1.52^{de}	17.44 ± 1.12^c
4∶6	20.73 ± 1.42^b	10.94 ± 0.66^{ab}	12.52 ± 1.38^c	22.35 ± 0.25^b	19.90 ± 1.33^{bc}	23.12 ± 0.51^b
3∶7	18.92 ± 1.09^b	10.91 ± 0.73^b	17.24 ± 1.45^b	25.93 ± 0.71^a	22.25 ± 0.26^a	22.06 ± 0.99^b
2∶8	25.06 ± 0.70^a	10.23 ± 1.98^{bc}	21.53 ± 1.77^a	25.95 ± 1.19^a	18.38 ± 0.26^{cde}	22.17 ± 0.82^b
1∶9	抑菌圈重合	12.92 ± 1.41^a	20.66 ± 1.20^a	25.81 ± 1.65^a	21.54 ± 0.98^{ab}	15.46 ± 1.79^c

7. 供试菌种的最佳比例木醋液复配抑制剂及其最低抑菌浓度

供试菌种的最佳比例木醋液复配抑制剂及其最低抑菌浓度见附表24。由附表24可以看出,对于木屑木醋液和蒸馏木屑木醋液而言,木醋液复配可以互相起到增效抑菌效果,对枯草芽孢杆菌(B. subtilis)、黑曲霉菌(A. niger)、白腐菌(P. chrysosporium)最低抑菌浓度分别为3.13%、12.50%和6.25%。

附表24　供试菌种的最佳比例木醋液复配抑制剂及其最低抑菌浓度

供试菌种	最佳比例复配剂	最低抑菌浓度/%
大肠杆菌(E. coli)	MWV – DWV(2:8)	3.13
金黄色葡萄球菌(S. aureus)	BWV – MWV(5:5)	6.25
枯草芽孢杆菌(B. subtilis)	SWV – DWV(6:4)	3.13
黑曲霉菌(A. niger)	SWV – DWV(9:1)	12.50
白腐菌(P. chrysosporium)	SWV – DWV(4:6)	6.25
褐腐菌(M. fructicola)	BWV – SWV(1:9)	25.00

8. 空气清新剂木醋液的精制

(1) 无色无味(很淡的烟熏味)空气清新剂精制木醋液的抑菌活性

松木屑木醋液(2015年3月样品),选常压蒸馏 – 两次旋转薄膜蒸发法精制松木屑木醋液做抑菌活性试验,无色无味(很淡的烟熏味)空气清新剂精制木醋液的抑菌活性如附表25所示。

附表25　无色无味(很淡的烟熏味)空气清新剂精制木醋液的抑菌活性

样品	供试菌种		
	大肠杆菌(E. coli)	金黄色葡萄球菌 (S. aureus)	枯草芽孢杆菌 (B. subtilis)
精制松木屑木醋液	9.58 ± 0.90	14.56 ± 1.33	13.79 ± 1.12

注:表中数据为抑菌圈直径,单位为mm。

无色无味(很淡的烟熏味)空气清新剂精制木醋液的最低抑菌浓度见附表26。

附表26　无色无味(很淡的烟熏味)空气清新剂精制木醋液的最低抑菌浓度(MIC)

供试菌种	精制松木屑木醋液最低抑菌浓度/%
大肠杆菌(E. coli)	25
金黄色葡萄球菌(S. Aureus)	12.5
枯草芽孢杆菌(B. subtilis)	12.5

(2)无色无味(很淡的烟熏味)空气清新剂精制木醋液的总还原力测定

无色无味(很淡的烟熏味)空气清新剂精制木醋液的总还原力如附图7所示。

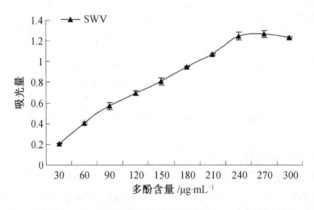

附图7　无色无味(很淡的烟熏味)空气清新剂精制木醋液的总还原力

由附图7可知,无色无味(很淡的烟熏味)空气清新剂精制木醋液 EC_{50} 为69.74 μg/mL。

(3)无色无味(很淡的烟熏味)空气清新剂精制木醋液的 DPPH·清除活性

无色无味(很淡的烟熏味)空气清新剂精制木醋液的 DPPH·清除活性如附图8所示。

由附图8可知,无色无味(很淡的烟熏味)空气清新剂精制木醋液 IC_{50} 为160.79 μg/mL。

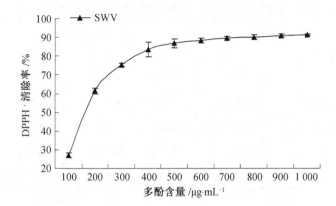

附图8　无色无味(很淡的烟熏味)空气清新剂精制木醋液的 DPPH·清除活性

(4)无色无味(很淡的烟熏味)空气清新剂精制木醋液的·OH 清除活性

无色无味(很淡的烟熏味)空气清新剂精制木醋液的·OH 清除活性如附图9所示。

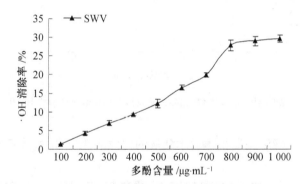

图9　无色无味(很淡的烟熏味)空气清新剂精制木醋液的·OH 清除活性

9.静置法、静置－常压蒸馏法精制松木屑木醋液的抑菌活性与50 ℃热稳定性

静置法精制松木屑木醋液的抑菌活性与50 ℃热稳定性见附表27。

静置法精制松木屑木醋液的抑黑曲霉菌(A. niger)活性与50 ℃热稳定性如附图10所示。

附表 27　静置法精制松木屑木醋液的抑菌活性与 50 ℃热稳定性

供试菌种	抑菌圈直径/mm				
	50 ℃/30 min	50 ℃/60 min	50 ℃/90 min	50 ℃/120 min	50 ℃/150 min
大肠杆菌（E. coli）	抑菌圈重合	抑菌圈重合	抑菌圈重合	抑菌圈重合	27.75 ± 1.22
金黄色葡萄球菌（S. aureus）	抑菌圈重合	抑菌圈重合	抑菌圈重合	抑菌圈重合	抑菌圈重合
枯草芽孢杆菌（B. subtilis）	抑菌圈重合	抑菌圈重合	抑菌圈重合	抑菌圈重合	抑菌圈重合
黑曲霉菌（A. niger）	15.46 ± 1.78	17.43 ± 1.21	14.03 ± 0.33	18.05 ± 1.30	20.11 ± 0.19

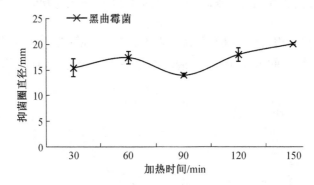

附图 10　静置法精制松木屑木醋液的抑黑曲霉菌（A. niger）活性与 50 ℃热稳定性

静置 – 常压蒸馏法精制松木屑木醋液的抑菌活性与 50 ℃热稳定性见附表28。

附表 28　静置 – 常压蒸馏法精制松木屑木醋液的抑菌活性与 50 ℃热稳定性

供试菌种	抑菌圈直径/mm				
	50 ℃/30 min	50 ℃/60 min	50 ℃/90 min	50 ℃/120 min	50 ℃/150 min
大肠杆菌（E. coli）	抑菌圈重合	抑菌圈重合	抑菌圈重合	28.75 ± 1.74	抑菌圈重合
金黄色葡萄球菌（S. aureus）	抑菌圈重合	抑菌圈重合	抑菌圈重合	抑菌圈重合	抑菌圈重合
枯草芽孢杆菌（B. subtilis）	17.79 ± 0.31	抑菌圈重合	抑菌圈重合	抑菌圈重合	31.39 ± 1.29
黑曲霉菌（A. niger）	14.51 ± 0.28	22.61 ± 1.10	16.31 ± 1.00	14.14 ± 1.12	15.14 ± 0.31

　　静置－常压蒸馏法精制松木屑木醋液的抑黑曲霉菌(A. niger)活性与50 ℃热稳定性如附图11所示。

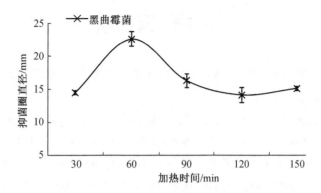

附图11　静置－常压蒸馏法精制松木屑木醋液的抑黑曲霉菌
(A. niger)活性与50 ℃热稳定性

10. 精制木松木屑精醋液融雪剂

　　取一定量已知酸含量的木醋液(调 pH 值至8.5),加入5%的氧化钙和氧化镁粉末,过滤除去不溶物,得到木醋液滤液,脱色,得到无色(或淡黄色)滤液,滤液蒸发结晶(或浓浆喷雾干燥),固含量约为30%时,得到液体醋酸钙镁盐(CMA)融雪剂,滤液蒸发干燥得淡黄色粉末为固体融雪剂。

参 考 文 献

［1］隋超.纤维素掺杂 SiO_2 与 Al_2O_3 柔性气凝胶的制备及性能表征［D］.哈尔滨：哈尔滨工业大学,2015.

［2］MOON R J,MARTINI A,NAIRN J,et al. Cellulose nanomaterials review：Structure, properties and nanocomposites［J］. Chemical Society Reviews,2011,40(7):3941 - 3994.

［3］JOHANSSON C,BRAS J,MONDRAGON I,et al. Renewable fibers and bio - based materials for packaging applications—a review of recent developments ［J］. Bioresources,2012,7(2):2506 - 2552.

［4］HABIBI Y,LUCIA L A,ROJAS O J. Cellulose nanocrystals：Chemistry,self - assembly, and applications［J］. Chemical Reviews,2010,110(6):3479 - 3500.

［5］JAWAID M,ABDUL KHALIL H P S. Cellulosic/synthetic fibre reinforced polymer hybrid composites：A review［J］. Carbohydrate Polymers,2011,86(1):1 - 18.

［6］FOX S C,LI B,XU D,et al. Regioselective esterification and etherification of cellulose：A review［J］. Biomacromolecules,2011,12(6):1956 - 1972.

［7］李育飞,白绘宇,王玮,等.纳米晶纤维素改性及其功能性材料的研究进展［J］. 纤维素科学与技术,2016(1):1 - 10.

［8］谷军.再生纤维素磁性微球吸附剂的制备及结构功能设计［D］.南京：南京林业大学,2014.

［9］翁西伦,鲍宗必,罗飞,等.纤维素类手性色谱固定相的制备及其应用［J］.化学进展,2014,26(2):415 - 423.

［10］GEMEINER P,POLAKOVIĈ M,MISLOVIĈOV D,et al. Cellulose as a (bio) affinity carrier：properties,design and applications［J］. Journal of Chromatography B：Biomedical Sciences and Applications,1998,715(1):245 - 271.

［11］MOHAMED S M K,GANESAN K,MILOW B,et al. The effect of zinc oxide (ZnO) addition on the physical and morphological properties of cellulose aerogel beads［J］. RSC Advances,2015,5(109):90193 - 90201.

［12］LUO X,LIU S,ZHOU J,et al. In situ synthesis of Fe_3O_4/cellulose microspheres with magnetic - induced protein delivery ［J］. Journal of Materials Chemistry, 2009,19(21):3538 - 3545.

[13] KLEMM D, HEUBLEIN B, FINK H P, et al. Cellulose: Fascinating biopolymer and sustainable raw material[J]. Angewandte Chemie International Edition, 2005, 44(22): 3358 – 3393.

[14] JARVIS M. Chemistry: Cellulose stacks up[J]. Nature, 2003, 426(6967): 611 – 612.

[15] LIEBERT T. Cellulose solvents: For analysis, shaping and chemical modification [J]. Journal of the American Chemical Society, 2010, 132(50): 17976.

[16] PEREPELKIN K E. Ways of developing chemical fibres based on cellulose: Viscose fibres and their prospects. Part 1. Development of viscose fibre technology. Alternative hydrated cellulose fibre technology[J]. Fibre Chemistry, 2008, 40(1): 10 – 23.

[17] PEŠKA J, ŠTAMBERG J, HRADIL J, et al. Cellulose in bead form: Properties related to chromatographic uses[J]. Journal of Chromatography A, 1976, 125(3): 455 – 469.

[18] ZHU S, WU Y, CHEN Q, et al. Dissolution of cellulose with ionic liquids and its application: A mini – review[J]. Green Chemistry, 2006, 8(4): 325 – 327.

[19] 吴远艳. 纤维素溶剂化及溶解机理研究[D]. 北京: 北京林业大学, 2015.

[20] MCCORMICK C L, CALLAIS P A. Derivatization of cellulose in lithium chloride and N – N – dimethylacetamide solutions[J]. Polymer, 1987, 28(13): 2317 – 2323.

[21] HEINZE T, LIEBERT T F, PFEIFFER K S, et al. Unconventional cellulose esters: Synthesis, characterization and structure – property relations [J]. Cellulose, 2003, 10(3): 283 – 296.

[22] FINK H P, WEIGEL P, PURZ H J, et al. Structure formation of regenerated cellulose materials from NMMO – solutions [J]. Progress in Polymer Science, 2001, 26(9): 1473 – 1524.

[23] BIGANSKA O, NAVARD P, BEDUE O. Crystallisation of cellulose/N – methylmorpholine – N – oxide hydrate solutions[J]. Polymer, 2002, 43(23): 6139 – 6145.

[24] LIU M, HUANG J, DENG Y. Adsorption behaviors of L – arginine from aqueous solutions on a spherical cellulose adsorbent containing the sulfonic group[J]. Bioresource Technology, 2007, 98(5): 1144 – 1148.

[25] ROSENAU T, POTTHAST A, SIXTA H, et al. The chemistry of side reactions and byproduct formation in the system NMMO/cellulose (Lyocell process) [J]. Progress in Polymer Science, 2001, 26(9): 1763 – 1837.

[26] KONKIN A, WENDLER F, MEISTER F, et al. N – Methylmorpholine – N – oxide ring cleavage registration by ESR under heating conditions of the Lyocell process

［J］. Spectrochimica Acta Part A：Molecular and Biomolecular Spectroscopy，2008，69（3）:1053 −1055.

［27］茅源. NaOH/尿素溶液中纤维素膜和纤维的凝固条件研究［D］. 武汉:武汉大学，2005.

［28］TRYGG J，FARDIM P. Enhancement of cellulose dissolution in water − based solvent via ethanol − hydrochloric acid pretreatment［J］. Cellulose，2011，18（4）:987 −994.

［29］QI H，YANG Q，ZHANG L，et al. The dissolution of cellulose in NaOH − based aqueous system by two − step process［J］. Cellulose，2011，18（2）:237 −245.

［30］LUO X，ZHANG L. High effective adsorption of organic dyes on magnetic cellulose beads entrapping activated carbon［J］. Journal of Hazardous Materials，2009，171（1）:340 −347.

［31］LUO X，ZHANG L. Immobilization of penicillin G acylase in epoxy − activated magnetic cellulose microspheres for improvement of biocatalytic stability and activities［J］. Biomacromolecules，2010，11（11）:2896 −2903.

［32］LUO X，ZHANG L. Creation of regenerated cellulose microspheres with diameter ranging from micron to millimeter for chromatography applications［J］. Journal of Chromatography A，2010，217（38）:5922 −5929.

［33］李昌志，王爱琴，张涛. 离子液体介质中纤维素资源转化研究进展［J］. 化工学报，2013（1）:182 −197.

［34］PINKERT A，MARSH K N，PANG S，et al. Ionic liquids and their interaction with cellulose［J］. Chemical Reviews，2009，109（12）:6712 −6728.

［35］KOSAN B，MICHELS C，MEISTER F. Dissolution and forming of cellulose with ionic liquids［J］. Cellulose，2008，15（1）:59 −66.

［36］SUN N，RODRIGUEZ H，RAHMAN M，et al. Where are ionic liquid strategies most suited in the pursuit of chemicals and energy from lignocellulosic biomass? ［J］. ChemInform，2011，47（5）:1405 −1421.

［37］GERICKE M，FARDIM P，HEINZE T. Ionic liquids − promising but challenging solvents for homogeneous derivatization of cellulose［J］. Molecules，2012，17（6）:7458 −7502.

［38］DU K F，YAN M，WANG Q Y，et al. Preparation and characterization of novel macroporous cellulose beads regenerated from ionic liquid for fast chromatography ［J］. Journal of Chromatography A，2010，1217（8）:1298 −1304.

［39］PHOTTRAITHIP W，LIN D Q，Shi F，et al. A novel method for the preparation of spherical cellulose – tungsten carbide composite matrix with NMMO as nonderivatizing solvent[J]. Journal of Applied Polymer Science,2011,121(5): 2985 – 2992.

[40] LIU Z,WANG H,LIU C C,et al. Magnetic cellulose – chitosan hydrogels prepared from ionic liquids as reusable adsorbent for removal of heavy metal ions[J]. Chemical Communications,2012,48(59):7350 – 7352.

[41] LIU Z,WANG H,LI B,et al. Biocompatible magnetic cellulose – chitosan hybrid gel microspheres reconstituted from ionic liquids for enzyme immobilization[J]. Journal of Materials Chemistry,2012,22(30):15085 – 15091.

[42] GERICKE M,TRYGG J,FARDIM P. Functional cellulose beads:Preparation, characterization,and applications[J]. Chemical Reviews,2013,113(7):4812 – 4836.

[43] 罗晓刚. 再生纤维素微球的制备、结构和功能[D]. 武汉:武汉大学,2010.

[44] 吴鹏,刘志明. 海藻酸钠/纤维素水凝胶球的制备与应用[J]. 功能材料,2015, 46(10):10144 – 10147,10152.

[45] TRYGG J,FARDIM P,GERICKE M,et al. Physicochemical design of the morphology and ultrastructure of cellulose beads[J]. Carbohydrate polymers,2013,93(1): 291 – 299.

[46] SESCOUSSE R,GAVILLON R,BUDTOVA T. Wet and dry highly porous cellulose beads from cellulose – NaOH – water solutions:Influence of the preparation conditions on beads shape and encapsulation of inorganic particles[J]. Journal of Materials Science,2011,46(3):759 – 765.

[47] PINNOW M, FINK H P, FANTER C, et al. Characterization of highly porous materials from cellulose carbamate[J]. Macromolecular Symposia,2008,262(1): 129 – 139.

[48] 王玉恒,寇正福,江邦和,等. 大孔球形纤维素载体固定化单宁的制备及其对蛋白质的吸附性能[J]. 离子交换与吸附,2007(4):360 – 367.

[49] MAGGIORIS D, GOULAS A, ALEXOPOULOS A H, et al. Prediction of particle size distribution in suspension polymerization reactors:Effect of turbulence nonhomogeneity[J]. Chemical Engineering Science,2000,55(20):4611 – 4627.

[50] KOTOULAS C,KIPARISSIDES C. A generalized population balance model for the prediction of particle size distribution in suspension polymerization reactors[J]. Chemical Engineering Science,2006,61(2):332 – 346.

[51] ZHOU D,ZHANG L N,ZHOU J P,et al. Cellulose/chitin beads for adsorption of heavy metals in aqueous solution[J]. Water Research,2004,38(11):2643 – 2650.

[52] TWU Y K,HUANG H I,CHANG S Y,et al. Preparation and sorption activity of chitosan/cellulose blend beads[J]. Carbohydrate Polymers,2003,54(4):425-430.

[53] ZHANG L,CAI J,ZHOU J,et al. Adsorption of Cd^{2+} and Cu^{2+} on ion-exchange beads from cellulose/alginic acid blend[J]. Separation Science and Technology, 2005,39(5):1203-1219.

[54] PARK S,KIM S H,KIM J H,et al. Application of cellulose/lignin hydrogel beads as novel supports for immobilizing lipase[J]. Journal of Molecular Catalysis B: Enzymatic,2015,119:33-39.

[55] WANG J,WEI L,MA Y,et al. Collagen/cellulose hydrogel beads reconstituted from ionic liquid solution for Cu(II)adsorption[J]. Carbohydrate polymers,2013, 98(1):736-743.

[56] YU X L,KANG D J,HU Y Y,et al. One-pot synthesis of porous magnetic cellulose beads for the removal of metal ions[J]. RSC Advances,2014,4(59): 31362-31369.

[57] CORREA J R,BORDALLO E,CANETTI D,et al. Structure and superparamagnetic behaviour of magnetite nanoparticles in cellulose beads[J]. Materials Research Bulletin,2010,45(8):946-953.

[58] WU J,ZHAO N,ZHANG X,et al. Cellulose/silver nanoparticles composite microspheres:Eco-friendly synthesis and catalytic application[J]. Cellulose, 2012,19(4):1239-1249.

[59] BOEDEN H F,POMMERENING K,BECKER M,et al. Bead cellulose derivatives as supports for immobilization and chromatographic purification of proteins[J]. Journal of Chromatography A,1991,552:389-414.

[60] BURTON S C,HARDING D R K. Bifunctional etherification of a bead cellulose for ligand attachment with allyl bromide and allyl glycidyl ether[J]. Journal of Chromatography A,1997,775(1-2):29-38.

[61] VOLKERT B,WOLF B,FISCHER S,et al. Application of modified bead cellulose as a carrier of active ingredients[J]. Macromolecular Symposia,2009,280(1): 130-135.

[62] 王金霞,刘温霞. 纤维素的化学改性[J]. 纸和造纸,2011(8):31-37.

[63] WANG D M,HAO G,SHI Q H,et al. Fabrication and characterization of superporous cellulose bead for high-speed protein chromatography[J]. Journal of Chromatography A,2007,1146(1):32-40.

[64] KHLER S,LIEBERT T,HEINZE T. Interactions of ionic liquids with polysaccharides.

VI. Pure cellulose nanoparticles from trimethylsilyl cellulose synthesized in ionic liquids[J]. Journal of Polymer Science Part A: Polymer Chemistry, 2008, 46 (12): 4070 - 4080.

[65] 刘山虎, 许庆峰, 邢瑞敏, 等. 超疏水油水分离材料研究进展[J]. 化学研究, 2015(6): 561 - 569, 574.

[66] XIA H F, LIN D Q, WANG L P, et al. Preparation and evaluation of cellulose adsorbents for hydrophobic charge induction chromatography[J]. Industrial and Engineering Chemistry Research, 2008, 47(23): 9566 - 9572.

[67] OHTAKI N, TAKAHASHI H, KANEKO K, et al. Purification and concentration of non - infectious west nile virus - like particles and infectious virions using a pseudo - affinity cellufine sulfate column[J]. Journal of Virological Methods, 2011, 174(1): 131 - 135.

[68] YAMAMOTO S, MIYAGAWA E. Retention behavior of very large biomolecules in ion - exchange chromatography[J]. Journal of Chromatography A, 1999, 852(1): 25 - 30.

[69] PENG L, CALTON G J, BURNETT J W. Evaluation of activation methods with cellulose beads for immunosorbent purification of immunoglobulins[J]. Journal of Biotechnology, 1987, 5(4): 255 - 265.

[70] SIRVIO J, HYVAKKO U, LIIMATAINEN H, et al. Periodate oxidation of cellulose at elevated temperatures using metal salts as cellulose activators[J]. Carbohydrate polymers, 2011, 83(3): 1293 - 1297.

[71] RAHN K, HEINZE T. New cellulosic polymers by subsequent modification of 2,3 - dialdehyde cellulose[J]. Cellulose Chemistry and Technology, 1998, 32(3 - 4): 173 - 183.

[72] 李勇. 纤维素选择性氧化的研究[D]. 杭州: 浙江大学, 2014.

[73] HIROTA M, TAMURA N, SAITO T, et al. Surface carboxylation of porous regenerated cellulose beads by 4 - acetamide - TEMPO/NaClO/NaClO$_2$ system[J]. Cellulose, 2009, 16(5): 841 - 851.

[74] YU H, FU G, HE B. Preparation and adsorption properties of PAA - grafted cellulose adsorbent for low - density lipoprotein from human plasma[J]. Cellulose, 2007, 14(2): 99 - 107.

[75] WANG D M, SUN Y. Fabrication of superporous cellulose beads with grafted anion - exchange polymer chains for protein chromatography[J]. Biochemical Engineering Journal, 2007, 37(3): 332 - 337.

［76］ LITTUNEN K,HIPPI U,JOHANSSON L S,et al. Free radical graft copolymerization of nanofibrillated cellulose with acrylic monomers［J］. Carbohydrate Polymers,2011, 84(3):1039－1047.

［77］ ROY D,SEMSARILAR M,GUTHRIE J T,et al. Cellulose modification by polymer grafting:A review［J］. Chemical Society Reviews,2009,38(7):2046－2064.

［78］ VINCENT P,COMPOINT J P,FITTON V,et al. Evaluation of Matrex cellufine GH 25［J］. Journal of Biochemical and Biophysical Methods,2003,56(1):69－78.

［79］ XIONG X,ZHANG L,WANG Y. Polymer fractionation using chromatographic column packed with novel regenerated cellulose beads modified with silane［J］. Journal of Chromatography A,2005,1063(1):71－77.

［80］ MISLOVIĈOV D,GEMEINER P,STRATILOV E,et al. Competitive elution of lactate dehydrogenase from cibacron blue－bead cellulose with cibacron blue－dextrans［J］. Journal of Chromatography A,1990,510(510):197－204.

［81］ PAI A,GONDKAR S,LALI A. Enhanced performance of expanded bed chromatography on rigid superporous adsorbent matrix［J］. Journal of Chromatography A,2000, 867(1):113－130.

［82］ SAKATA M,NAKAYAMA M,YANAGI K,et al. Selective removal of DNA from bioproducts by polycation－immobilized cellulose beads［J］. Journal of Liquid Chromatography & Related Technologies,2006,29(17):2499－2512.

［83］ SHARMA R K,AGRAWAL M,MARSHALL F. Heavy metal contamination of soil and vegetables in suburban areas of Varanasi, India［J］. Ecotoxicology and Environmental Safety,2007,66(2):258－266.

［84］ PEŠKA J,ŠTAMBERG J,HRADIL J. Chemical transformations of polymers. XIX. ion exchange derivatives of bead cellulose［J］. Die Angewandte Makromolekulare Chemie,1976,53(1):73－80.

［85］ 唐丽荣. 功能化纳米纤维素的设计、构建及其在药物缓控释中的应用研究［D］. 福州:福建农林大学,2013.

［86］ TWU Y K,HUANG H I,CHANG S Y,et al. Preparation and sorption activity of chitosan/cellulose blend beads［J］. Carbohydrate Polymers,2003,54(4):425－430.

［87］ MATÚS P,KUBOVÁ J. Complexation of labile aluminium species by chelating resins iontosorb—a new method for Al environmental risk assessment［J］. Journal of Inorganic Biochemistry,2005,99(9):1769－1778.

［88］ DIVIS P,SZKANDERA R,BRULIK L,et al. Application of new resin gels for measuring mercury by diffusive gradients in a thin – films technique [J]. Analytical Sciences,2009,25(4):575 –578.

[89] 徐莉,侯红萍. 酶的固定化方法的研究进展[J]. 酿酒科技,2010(1):86 – 89,94.

[90] MATEO C,PALOMO J M,FERNANDEZ – LORENTE G, et al. Improvement of enzyme activity, stability and selectivity via immobilization techniques [J]. Enzyme and Microbial Technology,2007,40(6):1451 – 1463.

[91] ŠTEFUCA V,GEMEINER P,BÁLEŠ V. Study of porous cellulose beads as an enzyme carrier via simple mathematical models for the hydrolysis of saccharose using immobilized invertase reactors [J]. Enzyme and Microbial Technology, 1988,10(5):306 – 311.

[92] WOLF B. Bead cellulose products with film formers and solubilizers for controlled drug release[J]. International Journal of Pharmaceutics,1997,156(1):97 – 107.

[93] GóMEZ – CARRACEDO A,SOUTO C,MARTI N R,et al. Incidence of drying on microstructure and drug release profiles from tablets of MCC – lactose – carbopol and MCC – dicalcium phosphate – carbopol pellets [J]. European Journal of Pharmaceutics and Biopharmaceutics,2008,69(2):675 –685.

[94] WOLF B. Hydrophilic – lipophilic drug carrier systems of bead cellulose and isopropyl myristate [J]. Drug Development and Industrial Pharmacy, 1998, 24 (11):1007 – 1015.

[95] DE OLIVEIRA W,GLASSER W G. Hydrogels from polysaccharides. I. Cellulose beads for chromatographic support[J]. Journal of Applied Polymer Science,1996, 60(1):63 – 73.

[96] ROY I,GUPTA M N. Lactose hydrolysis by Lactozym™ immobilized on cellulose beads in batch and fluidized bed modes[J]. Process Biochemistry,2003,39(3): 325 – 332.

[97] DE LUCA L,GIACOMELLI G,PORCHEDDU A, et al. Cellulose beads: A new versatile solid support for microwave – assisted synthesis. Preparation of pyrazole and isoxazole libraries[J]. Journal of Combinatorial Chemistry,2003,5(4):465 –471.

[98] LIEBERT T,HEINZE T,EDGAR K J. Cellulose solvents: For analysis, shaping and chemical modification[J]. Journal of the American Chemical Society,2010, 1033:3 – 54.

[99] LUO X G,LIU S L,ZHOU J P, et al. In situ synthesis of Fe_3O_4/cellulose microspheres with magnetic – induced protein delivery [J]. Journal of Materials

Chemistry,2009,19(21):3538 – 3545.

[100] CAI J,ZHANG L. Unique gelation behavior of cellulose in NaOH/urea aqueous solution[J]. Biomacromolecules,2006,7(1):183 – 189.

[101] CAI J,ZHANG L N,ZHOU J P,et al. Novel fibers prepared from cellulose in NaOH/urea aqueous solution[J]. Macromolecular Rapid Communications,2004, 25(17):1558 – 1562.

[102] CHIEN H C,CHENG W Y,WANG Y H,et al. Ultrahigh specific capacitances for supercapacitors achieved by nickel cobaltite/carbon aerogel composites [J]. Advance Functional Materials,2012,22(23):5038 – 5043.

[103] ISOGAI A,ATALIA R H. Dissolution of cellulose in aqueous NaOH solutions [J]. Cellulose,1998,5(4):309 – 319.

[104] TRYGG J,FARDIM P. Enhancement of cellulose dissolution in water – based solvent via ethanol – hydrochloric acid pretreatment[J]. Cellulose,2011,18(4): 987 – 994.

[105] 马晓娟,黄六莲,陈礼辉,等. 纤维素结晶度的测定方法[J]. 造纸科学与技术,2012(2):75 – 78.

[106] JIN A X,REN J L,PENG F,et al. Comparative characterization of degraded and non – degradative hemicelluloses from barley straw and maize stems:Composition, structure,and thermal properties[J]. Carbohydrate Polymers,2009,78(3):609 –619.

[107] KAMIDE K,OKAJIMA K,KOWSAKA K. Dissolution of natural cellulose into aqueous alkali solution:Role of super – molecular structure of cellulose[J]. Polymer Journal,1992,24(1):71 – 86.

[108] LANGAN P,NISHIYAMA Y,CHANZY H. A revised structure and hydrogen – bonding system in cellulose II from a neutron fiber diffraction analysis[J]. Journal of the American Chemistry Socieity,1999,121(43):9940 – 9946.

[109] PARK S,BAKER J O,HIMMEL M E,et al. Research cellulose crystallinity index:Measurement techniques and their impact on interpreting cellulase performance[J]. Biotechnology for Biofuels,2010,3(1):103 – 111.

[110] KIM I S,KIM J P,KWAK S Y,et al. Novel regenerated cellulosic material prepared by an environmentally – friendly process[J]. Polymer,2006,47(4): 1333 – 1339.

[111] LI J,LU Y,YANG D J,et al. Lignocellulose aerogel from wood – ionic liquid solution(1 – allyl – 3 – methylimidazolium chloride) under freezing and thawing conditions[J]. Biomacromolecules,2011,12(5):1860 – 1867.

［112］YU M C,SKIPPER P L,TANNENBAUM S R,et al. Arylamine exposures and bladder cancer risk［J］. Mutation Research,2002,506 – 507:21 – 28.

［113］ZHENG T,HOLFORD T R,MAYNE S T,et al. Use of hair colouring products and breast cancer risk:A case – control study in connecticut［J］. European Journal of Cancer,2002,38(12):1647 – 1652.

［114］KONSTANTINOU I K,ALBANIS T A. TiO$_2$ – assisted photocatalytic degradation of azo dyes in aqueous solution:kinetic and mechanistic investigations:A review ［J］. Applied Catalysis B:Environmental,2004,49(1):1 – 14.

［115］苗挂帅.共掺杂 TiO$_2$ 纳米粉体的制备及其光催化降解亚甲基蓝性能的研究 ［D］.开封:河南大学,2013.

［116］包维维.吸附材料的制备及其对重金属离子和染料吸附性能研究［D］.长春:吉林大学,2013.

［117］师浩淳.纤维素基复合吸附材料的制备及其应用［D］.天津:天津大学,2014.

［118］ANNADURAI G,JUANG R S,LEE D J. Use of cellulose – based wastes for adsorption of dyes from aqueous solutions［J］. Journal of Hazardous Materials, 2002,92(3):263 – 274.

［119］YANG L L,MA X Y,GUO N N. Sodium alginate/Na$^+$ – rectorite composite microspheres:Preparation,characterization,and dye adsorption［J］. Carbohydrate Polymers,2012,90(2):853 – 858.

［120］GOMBOTZ W R,WEE S F. Protein release from alginate matrices［J］. Advanced Drug Delivery Reviews,2012,64:194 – 205.

［121］LATEEF H,GRIMES S,KEWCHAROENWONG P,et al. Separation and recovery of cellulose and lignin using ionic liquids:A process for recovery from paper – based waste［J］. Journal of Chemical Technology Biotechnology,2009,84(12):1818 – 1827.

［122］MURAKAMI M,KANEKO Y,KADOKAWA J. Preparation of cellulose – polymerized ionic liquid composite by in – situ polymerization of polymerizable ionic liquid in cellulose – dissolving solution［J］. Carbohydrate Polymers,2007,69(2):378 – 381.

［123］贾利娜,何俊男,赵敬东,等.壳聚糖 – 海藻酸钠载药微球的缓释性能研究 ［J］.广州化工,2016(2):65 – 68.

［124］熊诚.海藻酸钠的疏水改性及其在药物控释中的应用［D］.无锡:江南大学,2008.

［125］KIM H J,KANG S O,PARK S,et al. Adsorption isotherms and kinetics of cationic and anionic dyes on three – dimensional reduced graphene oxide macrostructure[J]. Journal of Industrial and Engineering Chemistry, 2015, 21: 1191 – 1196.

[126] KANNAN N, SUNDARAM M M. Kinetics and mechanism of removal of methylene blue by adsorption on various carbons—a comparative study [J]. Dyes and Pigments, 2001, 51(1):25 – 40.

[127] DOAN M, ÖZDEMIR Y, ALKAN M. Adsorption kinetics and mechanism of cationic methyl violet and methylene blue dyes onto sepiolite [J]. Dyes and Pigments, 2007, 75(3):701 – 713.

[128] ZELMANOV G, SEMIAT R. Boron removal from water and its recovery using iron (Fe^{3+}) oxide/hydroxide – based nanoparticles(NanoFe) and NanoFe – impregnated granular activated carbon as adsorbent[J]. Desalination, 2014, 333(1):107 – 117.

[129] WU F C, TSENG R L, JUANG R S. Initial behavior of intraparticle diffusion model used in the description of adsorption kinetics[J]. Chemical Engineering Journal, 2009, 153(1):1 – 8.

[130] RODRIÍGUEZ A, OVEJERO G, MESTANZA M, et al. Removal of dyes from wastewaters by adsorption on sepiolite and pansil[J]. Ind Eng Chem Res, 2010, 49(7):3207 – 3216.

[131] WANG C, ZHANG J, WANG P, et al. Adsorption of methylene blue and methyl violet by camellia seed powder: Kinetic and thermodynamic studies [J]. Desalination and Water Treatment, 2015, 53(13):3681 – 3690.

[132] DANTAS T N C, NETO A A D, MOURA M C P A, et al. Chromium adsorption by chitosan impregnated with microemulsion[J]. Langmuir: The ACS Journal of Surfaces and Colloids, 2001, 17(14):4256 – 4260.

[133] CRIST R H, MARTIN J R, CHONKO J, et al. Uptake of metals on peat moss: An ion – exchange process[J]. Environ Sci Technol, 1996, 30(8):2456 – 2461.

[134] 甄豪波, 胡勇有, 程建华. 壳聚糖交联沸石小球对 Cu^{2+}、Ni^{2+} 及 Cd^{2+} 的吸附特性[J]. 环境科学学报, 2011(7):1369 – 1376.

[135] 林春香, 詹怀宇, 刘明华, 等. 球形纤维素吸附剂对 Cu^{2+} 的吸附动力学与热力学研究[J]. 离子交换与吸附, 2010(3):226 – 238.

[136] SAĜ Y, AKTAY Y. Mass transfer and equilibrium studies for the sorption of chromium ions onto chitin[J]. Process Biochemistry, 2000, 36(1):157 – 173.

[137] 施林妹, 王惠君, 高伟彪. 甲壳素对铅(II)的吸附研究[J]. 化学研究与应用, 2013(3):336 – 339.

［138］ DING F Y,SHI X W,LI X X,et al. Homogeneous synthesis and characterization of quaternized chitin in NaOH/urea aqueous solution ［J］. Carbohydrate Polymers,2012,87(1):422 – 426.

［139］ HU X,DU Y,TANG Y,et al. Solubility and property of chitin in NaOH/urea aqueous solution［J］. Carbohydrate Polymers,2007,70(4):451 – 458.

［140］ BUTCHOSA N,BROWN C,LARSSON P T,et al. Nanocomposites of bacterial cellulose nanofibers and chitin nanocrystals:Fabrication,characterization and bactericidal activity［J］. Green Chemistry,2013,15(12):3404 – 3413.

［141］ IFUKU S,KADLA J F. Preparation of a thermosensitive highly regioselective cellulose/N – isopropylacrylamide copolymer through atom transfer radical polymerization［J］. Biomacromolecules,2008,9(11):3308 – 3313.

［142］ EYLEY S,THIELEMANS W. Surface modification of cellulose nanocrystals［J］. Nanoscale,2014,6(14):7764 – 7779.

［143］ DE NOOY A E J,BESEMER A C,VAN BEKKUM H. Highly selective nitroxyl radical – mediated oxidation of primary alcohol groups in water – soluble glucans ［J］. Carbohyd Res,1995,269(1):89 – 98.

［144］ DE NOOY A E J,BESEMER A C,VAN BEKKUM H,et al. TEMPO – mediated oxidation of pullulan and influence of ionic strength and linear charge density on the dimensions of the obtained polyelectrolyte chains［J］. Macromolecules,1996, 29(20):6541 – 6547.

［145］ 戴磊,龙柱,张丹. TEMPO 氧化纤维素纳米纤维的制备及应用研究进展［J］. 材料工程,2015(8):84 – 91.

［146］ IFUKU S,TSUJI M,MORIMOTO M,et al. Synthesis of silver nanoparticles templated by TEMPO – mediated oxidized bacterial cellulose nanofibers ［J］. Biomacromolecules,2009,10(9):2714 – 2717.

［147］ HIROTA M,TAMURA N,SAITO T,et al. Oxidation of regenerated cellulose with $NaClO_2$ catalyzed by TEMPO and NaClO under acid – neutral conditions［J］. Carbohydrate polymers,2009,78(2):330 – 335.

［148］ SAITO T,OKITA Y,NGE T T,et al. TEMPO – mediated oxidation of native cellulose:Microscopic analysis of fibrous fractions in the oxidized products［J］. Carbohydrate Polymers,2006,65(4):435 – 440.

［149］ WU J,ZHENG Y D,SONG W H,et al. In situ synthesis of silver – nanoparticles/ bacterial cellulose composites for slow – released antimicrobial wound dressing ［J］. Carbohydrate Polymers,2014,102:762 – 771.

[150] SHI J J,LU L B,GUO W T,et al. Heat insulation performance,mechanics and hydrophobic modification of cellulose – SiO_2 composite aerogels [J]. Carbohydrate polymers,2013,98(1):282 – 289.

[151] 曹延娟,辛斌杰,吴湘济,等. 生物质棉纤维再生纤维素膜的制备与性能分析 [J]. 河北科技大学学报,2015(3):269 – 278.

[152] LIN X,WU K,SHAO L,et al. Facile preparation of Cr_2O_3@ Ag_2O composite as high performance lithium storage material[J]. Journal of Alloys and Compounds, 2014,598:68 – 72.

[153] CHEN B,DENG Y,TONG H,et al. Preparation,characterization,and enhanced visible – light photocatalytic activity of AgI/Bi_2WO_6 composite[J]. Superlattices and Microstructures,2014,69:194 – 203.

[154] CHOI H M,CLOUD R M. Natural sorbents in oil spill cleanup[J]. Environ Sci Technol,1992,26(4):772 – 776.

[155] 吴应湘,许晶禹. 油水分离技术[J]. 力学进展,2015,45(1):179 – 216.

[156] WEI Q F,MATHER R R,FOTHERINGHAM A F,et al. Evaluation of nonwoven polypropylene oil sorbents in marine oil – spill recovery [J]. Marine Pollution Bulletin,2003,46(6):780 – 783.

[157] NGUYEN S T, FENG J D, NG S K, et al. Advanced thermal insulation and absorption properties of recycled cellulose aerogels[J]. Colloids and Surfaces A: Physicochemical and Engineering Aspects,2014,445:128 – 134.

[158] FUMAGALLI M,SANCHEZ F,BOISSEAU S M,et al. Gas – phase esterification of cellulose nanocrystal aerogels for colloidal dispersion in apolar solvents[J]. Soft Matter,2013,9(47):11309 – 11317.

[159] GRANSTROM M,PAAKKO M K N,JIN H,et al. Highly water repellent aerogels based on cellulose stearoyl esters[J]. Polym Chem – Uk,2011,2(8):1789 – 1796.

[160] ABDELMOULEH M,BOUFI S,BELGACEM M N,et al. Modification of cellulosic fibres with functionalised silanes: Development of surface properties [J]. International Journal of Adhesion and Adhesives,2004,24(1):43 – 54.

[161] PEREIRA P H F,VOORWALD H J C,CIOFFI M O H,et al. Sugarcane bagasse cellulose fibres and their hydrous niobium phosphate composites: Synthesis and characterization by XPS,XRD and SEM[J]. Cellulose,2014,21(1):641 – 652.

[162] SOUGUIR Z,DUPONT A L,FATYEYEVA K,et al. Strengthening of degraded cellulosic material using a diamine alkylalkoxysilane [J]. Rsc Adv,2012,2 (19):7470 – 7478.

［163］ RADETIC M M,JOCIC D M,JOVANCIC P M,et al. Recycled wool – based nonwoven material as an oil sorbent［J］. Environ Sci Technol,2003,37(5):1008 – 1012.

［164］ 王苏浩.超疏水表面的制备及其对不同表面张力液体选择性分离的研究［D］.上海:上海交通大学,2010.

［165］ BI H,XIE X,YIN K,et al. Spongy graphene as a highly efficient and recyclable sorbent for oils and organic solvents［J］. Adv Funct Mater,2012,22(21):4421 – 4425.

［166］ HASHIM D P,NARAYANAN N T,ROMO – HERRERA J M,et al. Covalently bonded three – dimensional carbon nanotube solids via boron induced nanojunctions［J］. Scientific Reports,2011,2(4):172 – 174.

［167］ WU Z Y,LI C,LIANG H W,et al. Ultralight,flexible,and fire – resistant carbon nanofiber aerogels from bacterial cellulose［J］. Angewandte Chemie,2013,125(10):2997 – 3001.

［168］ BI H C,YIN Z Y,CAO X H,et al. Carbon fiber aerogel made from raw cotton:A novel,efficient and recyclable sorbent for oils and organic solvents［J］. Advanced Materials,2013,25(41):5916 – 5921.

［169］ AN H B,YU M J,KIM J M,et al. Indoor formaldehyde removal over CMK – 3［J］. Nanoscale Res Lett,2012,7(1):1 – 6.

［170］ LIANG W J,LI J,LI J X,et al. Formaldehyde removal from gas streams by means of NaNO$_2$ dielectric barrier discharge plasma［J］. J Hazard Mater,2010,175(1 – 3):1090 – 1095.

［171］ CHIN P,YANG L P,OLLIS D F. Formaldehyde removal from air via a rotating adsorbent combined with a photocatalyst reactor:Kinetic modeling［J］. J Catal,2006,237(1):29 – 37.

［172］ COGLIANO V J,GROSSE Y,BAAN R A,et al. Meeting report:Summary of IARC monographs on formaldehyde,2 – butoxyethanol,and 1 – tert – butoxy – 2 – propanol［J］. Environ Health Persp,2005,113(9):1205 – 1208.

［173］ 刘世明,刘泽春,郑天可,等. 农村室内公共场所甲醛污染及致癌风险评价［J］.公共卫生与预防医学,2015(1):61 – 64.

［174］ LE Y,GUO D P,CHENG B,et al. Bio – template – assisted synthesis of hierarchically hollow SiO$_2$ microtubes and their enhanced formaldehyde adsorption performance［J］. Appl Surf Sci,2013,274:110 – 116.

［175］ LEE K J,SHIRATORI N,LEE G H,et al. Activated carbon nanofiber produced from electrospun polyacrylonitrile nanofiber as a highly efficient formaldehyde adsorbent［J］. Carbon,2010,48(15):4248 – 4255.

[176] XU Z H, YU J G, LIU G, et al. Microemulsion – assisted synthesis of hierarchical porous Ni(OH)$_2$/SiO$_2$ composites toward efficient removal of formaldehyde in air [J]. Dalton T, 2013, 42(28):10190 – 10197.

[177] YAMANAKA S, OISO T, KURAHASHI Y, et al. Scalable and template – free production of mesoporous calcium carbonate and its potential to formaldehyde adsorbent[J]. J Nanopart Res, 2014, 16(2):1 – 8.

[178] MA C Y, WANG D H, XUE W J, et al. Investigation of formaldehyde oxidation over Co$_3$O$_4$ – CeO$_2$ and Au/Co$_3$O$_4$ – CeO$_2$ catalysts at room temperature: Effective removal and determination of reaction mechanism[J]. Environ Sci Technol, 2011, 45(8):3628 – 3634.

[179] 何运兵, 纪红兵, 王乐夫. 室内甲醛催化氧化脱除的研究进展[J]. 化工进展, 2007(8):1104 – 1109.

[180] LU N, PEI J J, ZHAO Y X, et al. Performance of a biological degradation method for indoor formaldehyde removal[J]. Build Environ, 2012, 57:253 – 258.

[181] EWLAD – AHMED A M, MORRIS M A, PATWARDHAN S V, et al. Removal of formaldehyde from air using functionalized silica supports[J]. Environ Sci Technol, 2012, 46(24):13354 – 13360.

[182] RONG H Q, LIU Z Y, WU Q L, et al. Formaldehyde removal by Rayon – based activated carbon fibers modified by P – aminobenzoic acid[J]. Cellulose, 2010, 17(1):205 – 214.

[183] PEI J J, ZHANG J S S. On the performance and mechanisms of formaldehyde removal by chemi – sorbents[J]. Chemical Engineering Journal, 2011, 167(1): 59 – 66.

[184] NGAH W S W, TEONG L C, HANAFIAH M A K M. Adsorption of dyes and heavy metal ions by chitosan composites: A review[J]. Carbohydrate Polymers, 2011, 83(4):1446 – 1456.

[185] HE G H, WANG Z, ZHENG H, et al. Preparation, characterization and properties of aminoethyl chitin hydrogels[J]. Carbohydrate Polymers, 2012, 90(4):1614 – 1619.

[186] LI M L, XU J, LI R H, et al. Simple preparation of aminothiourea – modified chitosan as corrosion inhibitor and heavy metal ion adsorbent[J]. J Colloid Interf Sci, 2014, 417:131 – 136.

[187] LÓPEZ – PÉREZ, PAULA M, MARQUES A P, SILVA R M P D, et al. Effect of chitosan membrane surface modification via plasma induced polymerization on the adhesion of osteoblast – like cells[J]. Journal of Materials Chemistry, 2007,

17(38):4064.

[188] HSU S H, LIN C H, TSENG C S. Air plasma treated chitosan fibers – stacked scaffolds[J]. Biofabrication,2012,4(4):15002 – 15014.

[189] 田庆文. 超疏水材料的制备及性能研究[D]. 长春:长春理工大学,2012.

[190] 王庆军,陈庆民. 超疏水表面的制备技术及其应用[J]. 高分子材料科学与工程,2005,21(2):6 – 10.

[191] KAPLAN D L. Biopolymers from Renewable Resources[M]. Berlin:Springer, 1998:1 – 439.

[192] 张帅,袁彬兰,李发学,等. 新型纤维素纤维的结构和性能[J]. 国际纺织导报,2008(12):4,6 – 7,11.

[193] 张俊,潘松汉. 微晶纤维素的 FT – IR 研究[J]. 纤维素科学与技术,1995,3(1):22 – 27.

[194] 唐丽荣,黄彪,戴达松,等. 纳米纤维素碱法制备及光谱性质[J]. 光谱学与光谱分析,2010,30(7):1876 – 1879.

[195] ALEMDAR A, SAIN M. Isolation and characterization of nanofibers from agricultural residues – wheat straw and soy hulls[J]. Bioresource Technology, 2008,99(6):1664 – 1671.

[196] OH S Y, YOO D I, SHIN Y, et al. Crystalline structure analysis of cellulose treated with sodium hydroxide and carbon dioxide by means of X – ray diffraction and FTIR spectroscopy[J]. Carbohydrate Research,2005,340(15):2376 – 2391.

[197] 陈嘉翔,余家鸾. 植物纤维化学结构的研究方法[M]. 广州:华南理工大学出版社,1989:5 – 6.

[198] 何余生,李忠,奚红霞,等. 气固吸附等温线的研究进展[J]. 离子交换与吸附,2004,20(4):376 – 384.

[199] LIU F, LU J, SHEN J, et al. Preparation of mesoporous nickel oxide of sheet particles and its characterization[J]. Materials Chemistry and Physics,2009,113(1):18 – 20.

[200] CHU M Q, LIU G J. Synthesis of liposomes – templated CdSe hollow and solid nanospheres[J]. Materials Letters,2006,60(1):11 – 14.

[201] YU J G, ZHAO X J, ZHAO Q N. Photocatalytic activity of nanometer TiO_2 thin films prepared by the sol – gel method[J]. Meterials Chemistry and Physics, 2001,69(1 – 3):25 – 29.

[202] ZHANG Q, LI W, LIU S X. Controlled fabrication of nanosized TiO_2 hollow sphere particles via acid catalytic hydrolysis/hydrothermal treatment[J]. Powder

Technology,2011,212(1):145 – 150.

[203] 孟凡勇,刘锐,小林刚,等.挥发性氯代烃在干燥土壤中的平衡吸附研究[J].
环境科学,2011,32(10):3121 – 3127.

[204] 苌姗姗,胡进波,赵广杰.不同干燥预处理对杨木应拉木孔隙结构的影响
[J].北京林业大学学报,2011,33(2):91 – 95.

[205] LIU F,WANG S L,ZHANG M,et al. Improvement of mechanical robustness of
the superhydrophobic wood surface by coating PVA/SiO$_2$ composite polymer[J].
Applied Surface Science,2013,280:686 – 692.

[206] LIU F,MA M L,ZANG D L,et al. Fabrication of superhydrophobic/superoleophilic
cotton for application in the field of water/oil separation [J]. Carbohydrate
Polymers,2014,103:480 – 487.

[207] 王志磊.超亲水、超疏水表面的研究进展[J].当代化工,2010,39(5):590 – 593.

[208] 杨春晓.超亲水 TiO$_2$ 多孔薄膜的制备及成孔机理研究[D].广州:华南理工
大学,2014.

[209] SAKAI N,FUJISHIMA A,WATANABE T,et al. Quantitative evaluation of the
photoinduced hydrophilic conversion properties of TiO$_2$ thin film surfaces by the
reciprocal of cantact angle[J]. Journal of Physical Chemistry B,2003,107:1028 –
1035.

[210] 斯芳芳,张靓,赵宁,等.超亲水表面制备方法及其应用[J].化学进展,2011,
23(9):1831 – 1840.

[211] 王晖,顾帼华.固体的表面能及其亲水/疏水性[J].化学通报,2009,12:1091 – 1096.

[212] PERMPOON S,BERTHOME G,BAROUX B,et al. Natural superhydrophilicity of
sol – gel derived SiO$_2$ – TiO$_2$ composite films[J]. Journal of Materials Scinence,
2006,41:7650 – 7662.

[213] 罗益民,黄可龙,潘春跃.纳米级 α – FeO(OH)细粉的制备与表征[J].无机
材料学报,1994,9(2):239 – 243.

[214] SUPRAKAS S R,MOSTO B. Biodegradable polymers and their layered silicate
nanocomposites:In greening the 21st century materials world [J]. Progress in
Materials Science,2005,50(8):997 – 999.

[215] 王临红,赵振兴,韩桂华,等.含油污水除油净水技术研究与发展[J].工业水
处理,2005,25(2):5 – 8.

[216] 刘昕昕,刘志明.疏水纤维素/氧化铁复合气凝胶的制备和表征[J].纤维素
科学与技术,2015(3):22 – 28.

[217] 万才超,卢芸,孙庆丰,等.新型木质纤维素气凝胶的制备、表征及疏水吸油

性能[J].科技导报,2014,32(4):79-85.

[218] 张志华,倪星元,沈军,等.疏水型 SiO$_2$ 气凝胶的常压制备及吸附性能研究[J].同济大学学报(自然科学版),2005,33(12):1641-1645.

[219] 董丽新.纳米二氧化硅的制备与表征[D].保定:河北大学,2005.

[220] 刘昕昕,刘志明.疏水纤维素/二氧化硅复合气凝胶的制备和表征[J].生物质化学工程,2016(2):39-44.

[221] LIU S L,YU T F,HU N N,et al. High strength cellulose aerogels prepared by spatially confined synthesis of silica in bioscaffolds[J]. Colloids and Surfaces A:Physicochemical and Engineering Aspects,2013,439:159-166.

[222] 薛再兰,杨武,郭昊,等.溶胶-凝胶法制备超疏水性 OTS-SiO$_2$ 复合薄膜[J].西北师范大学学报(自然科学版),2008,44(2):65-69,73.

[223] NELSON M L,O'CONNOR R T. Relation of certain infrared bands to cellulose crystallinity and crystal latticed type. Part Ⅰ. Spectra of lattice types Ⅰ,Ⅱ,Ⅲ and of amorphous cellulose[J]. Journal of Applied Polymer Science,1964,8(3):1311-1324.

[224] 胡月.纳米纤维素/聚乙烯醇复合材料的研究[D].南京:南京林业大学,2012.

[225] 叶达明.白光 LED 用镨、钐掺杂钼酸盐红色荧光粉的制备和荧光性质[D].昆明:云南师范大学,2013.